BIESHU SHEJI

别墅设计

主　编　马玉琳
副主编　何真玲　郭春欢
主　审　李　奇

重庆大学出版社

内 容 提 要

别墅设计是建筑院校建筑专业入门阶段的基础课程。本书通过对别墅设计各个环节的系统分析，帮助读者从场地分析、设计构思，以及建筑造型、功能、空间、结构等方面了解别墅设计的方法。同时，书中精心挑选了国内外经典案例和学生代表作品，向读者展示优秀设计的概念逻辑。全书图文并茂，深入浅出，选取的案例注重时效性，有利于老师的教学。

本书适合建筑院校建筑设计专业、环境艺术设计专业、城市规划专业、室内设计专业等相关专业的师生作为教材或教学参考用书。

图书在版编目(CIP)数据

别墅设计/马玉琳主编.--重庆：重庆大学出版社,2018.8(2023.8 重印)

高等教育建筑类专业规划教材.应用技术型

ISBN 978-7-5689-1084-2

Ⅰ.①别…　Ⅱ.①马…　Ⅲ.①别墅—建筑设计—高等学校—教材　Ⅳ.①TU241.1

中国版本图书馆 CIP 数据核字(2018)第 096886 号

高等教育建筑类专业规划教材・应用技术型

别墅设计

主　编　马玉琳

副主编　何真玲　郭春欢

主　审　李　奇

责任编辑：王　婷　　版式设计：王　婷

责任校对：关德强　　责任印制：赵　晟

*

重庆大学出版社出版发行

出版人：陈晓阳

社址：重庆市沙坪坝区大学城西路 21 号

邮编：401331

电话：(023) 88617190　88617185(中小学)

传真：(023) 88617186　88617166

网址：http://www.cqup.com.cn

邮箱：fxk@cqup.com.cn（营销中心）

全国新华书店经销

重庆升光电力印务有限公司印刷

*

开本：787mm×1092mm　1/16　印张：9.75　字数：239 千

2018 年 8 月第 1 版　　2023 年 8 月第 3 次印刷

印数：5 001—8 000

ISBN 978-7-5689-1084-2　定价：49.00 元

前　言

有感于许多同学上了几年的设计课，看了很多的设计案例，但是仍然感觉无法独立设计出有特色、有思想的建筑，或虽思绪万千、胸有千言，却无法下笔设计。本书作者从事建筑设计教学工作多年，有感于学生学习建筑设计的困惑，力求编著一本程序清晰、逻辑清楚、图文并茂、简洁易懂、可操作性强的教材。本书虽然重点谈的是别墅设计，但建筑设计具有相同的原理，相似的逻辑，通过学习别墅设计，夯实学生建筑设计基础知识，使学生学会运用建筑设计的基础知识，根据地形、文化、环境等的不同，因势而变，因时而变。总而言之，多看、多思、多画是成为一个合格的建筑设计从业人员的必由之路。

本书第 1 章对别墅设计课题作了简单阐释，并对未来建筑设计趋势作了归纳，力求扩大学生的专业视野和树立高瞻远瞩的建筑发展观；第 2 章从场地分析、设计构思、建筑造型、功能布局、空间分布、建筑结构等方面介绍了建筑设计的基础知识，力求阐述清楚别墅的设计原理和设计要点；第 3 章详细解析了三个国外经典别墅案例和两个国内别墅案例，力求结合实际来指导学生正确、完整地分析建筑作品，达到汲取优秀案例的设计逻辑为我所用的目的；第 4 章汇总整理了相关设计规范和条例，培养学生建立法规意识，养成重视规范的习惯；第 5 章评析历年学生代表作品。本书还附有附录，附录一为别墅设计任务书，附录二汇总了学生作品中的一些常见错误，让学生既能近距离感受同龄人的设计，也能以旁观者的角度总结经验，吸取教训，达到提高设计水平的目的。

本书由马玉琳老师担任主编，并编写第 1 章~第 3 章；何真玲老师编写第 4 章；郭春欢老师编写第 5 章。本书是重庆大学城市科技学院建筑教研室多年教学成果的结晶，由李奇老师主审。在此，由衷地感谢参与编写教材的各位同仁，非常感谢重庆大学出版社的大力支持和帮助，感谢重庆大学城市科技学院建筑学院县济东、洪流、郝海燕等同学对部分图片和资料的整理。

限于编者学识有限，书中难免存在不足之处，恳请读者和广大同仁指正，以便改进与完善。

编　者

2017 年 12 月

目　录

1

绪论

1.1　别墅设计

1.1.1　别墅定义

“别墅（villa)”一般指带有私家花园的低层独立式住宅。

——《民用建筑设计术语标准》(GB/T 50504—2009)

居宅以外,在风景优雅、幽静的郊区或风景区建造,供休养用的园林式游憩、居住场所及建筑物,称为别墅(见图 1.1)。其空间布局灵活自由,与周围的自然环境紧密结合,浑然一体。所以严格来说,目前城市中称为“别墅”的居住建筑及房地产市场上的双拼别墅、联排别墅等低密度住宅,并不属于真正意义上的别墅,而应被划入高档住宅的范畴(见图 1.2)。

图 1.1　巴西海边别墅

图 1.2　城市“别墅”

作为改善型住宅,别墅是用来享受生活的,是第二居所,而非第一居所(中国最早的别墅称为别业,别的意思就是第二;在国外,第一居所的房子称为 house,第二居所称为villa)。所以,别墅除拥有“居住”这个住宅的基本功能以外,更是体现生活品质及享用特点的高级住所。

显而易见,作为居住建筑中的一种特殊类型,别墅不仅具有居住建筑的所有属性,同时也有其自身特点,主要表现在以下几个方面:

①别墅用地一般在山上、水边、林中等,由于环境特殊,通常建筑体量小巧,空间布局灵活,造型丰富,且要求建筑空间形态因地制宜,与自然环境整体融合,以保护自然生态环境(见图 1.3)。

图 1.3　海边别墅

②别墅的空间功能配置齐全、合理且符合个性化生活需求,极易为住户创造更具归属感和认同感的居住环境(见图 1.4)。

图 1.4　波尔多别墅

③别墅设计外观造型优美,尺度亲切宜人,建筑形象体现业主的审美倾向、文化品味及职业特点(见图 1.5)。

图 1.5 墨西哥奇瓦高尔夫别墅

综上所述,别墅与普通住宅的界定并不以建筑面积大小或经济造价多少为标准,而是更加强调环境设计及居住者的个性和建造手法的独特性。别墅是建筑师为业主“私人定制”的产品。

我国古代很早就出现了别墅,大的有帝王的行宫、将相的府邸,小的有富商巨贾地主乡绅的山庄、庄园,如西晋洛阳石崇的金谷别墅,唐代蓝田王维的辋川别业、明代苏州的拙政园、清代杭州的金鳛别业和北京的勺园等。国外别墅的发展也有很长的历史,从早期现代主义代表作品(如赖特的草原住宅、流水别墅,柯布西耶的萨伏伊别墅,密斯的范斯沃斯住宅),到近些年的后现代主义、解构主义、新理性主义等设计流派,设计作品风格各异、异彩纷呈。

当然,在现代建筑发展过程中,随着社会生活内容的更新,别墅的形态、功能等各方面也在不断完善。

1.1.2 别墅设计课程概述

别墅设计课程是建筑学专业的必修课程,是各建筑院校在本科二年级或一年级末的重要设计课题(见图 1.6)。作为建筑设计入门的传统课目,选题时间一般为 8 周左右,设计建筑面积为 300~400 m^2 的私人别墅(设计任务书参见附录一)。这个课程的特点是:设计作业针对的建筑规模较小,受建造技术、场地条件和经济条件的限制少,利于充分发挥学生的想象力,便于多方案比较,侧重于大胆进行艺术创作和技术创新。

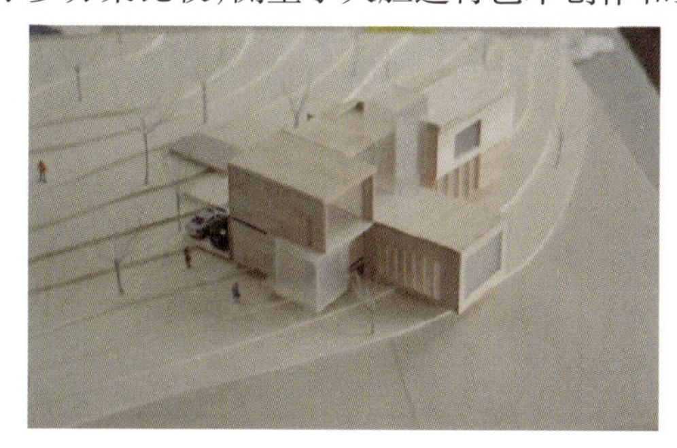
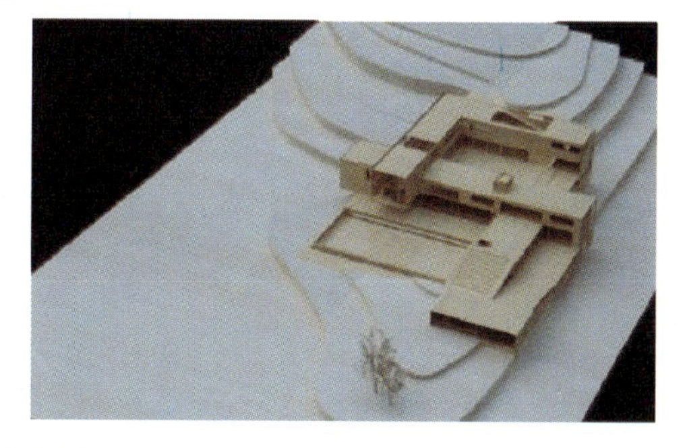

图 1.6 别墅模型

对于初学建筑设计的学生而言，想设计出优秀的别墅作品，需要在设计过程中注意以下几点：

1）处理好别墅与周围自然环境的关系

初学建筑设计者通常只关注单体设计，而对环境条件缺乏深入分析和深刻认识，导致方案违背许多环境条件的限定，最终使单体建筑自身也失去了环境特色和个性，变成放到任何地方都似乎说得过去的通用模式。

2）丰富的空间想象力

别墅总建筑面积不算大，但“麻雀虽小，五脏俱全”，需要仔细考虑其功能分布和组织，不仅要创造出新颖的空间关系，还要解决相应的结构布置问题。初学者如果缺乏空间想象力，易使得作品形象呆板、空间单一。

3）正确的学习方法

可供参考的别墅设计的实例很多，但若盲目追逐各种建筑潮流，不加分析地抄袭各种流派的设计手法，而忽略建筑设计的基本原则，或是把自己主观喜爱的一切都堆砌在方案中，就会造成建筑与环境的关系显得生硬、牵强，建筑形象和内外空间琐碎、凌乱。

4）优秀的综合素质

别墅设计应侧重于场地分析、功能组织、空间布局和造型手法的训练，以及建筑结构知识的获取和运用，学习在理性分析与感性构思之后得出较优的方案。别墅设计课程的目的在于使学习者初步掌握建筑设计的基本方法，尝试培养其独立工作的能力（包括对设计资料和信息的获取能力、分析能力、记录能力、选用能力等）。通过别墅设计，能培养学生的建筑素养，使其建立起空间形体感觉。当然，这不是一朝一夕就能具备的，需要多年不懈地努力。本书旨在帮助初学者对建筑设计过程有初步的了解，并对场地分析、功能组织、空间布局、造型语言、结构知识等有正确的认识。

1.2 别墅设计的发展趋势

21 世纪，人类社会进入了以数字化技术和网络技术为核心的信息时代，数字化的生活方式使人们的生活呈现出前所未有的、不同于以往任何社会的巨大变化，这将直接影响建筑（包括居住建筑）的变迁。我们要学习和研究的内容已不仅停留在过去，还要面对和解决有关健康、老龄化、无公害、资源等诸多方面的问题。别墅设计既是一种生活品质的设计，也是一种文化品味的选择。随着文化价值观、家庭模式以及建筑技术等的改变，别墅建筑设计将呈现多元化的发展趋势，具体可归纳如下：

1.2.1 生态化

面对当前的能源危机、环境恶化、城市景观面貌趋同等社会问题，回归自然，融于自然，已成为当今人居环境方面的一个必然趋势。作为高于普通居住需求的别墅而言，其自然化的生态性要求显然应更高、更领先。

真正意义上的生态住宅应该是从设计、建设、使用直至废弃的整个生命周期内，对环境都是无害的，不仅仅是种点花草那么简单，而是需要采用许多新技术和新型建筑材料，要建设垃圾处理和水处理装置等。是否节能、节水、无污染，以及是否具有高舒适度，是评价生态住宅优劣的标准。生态住宅应能够充分利用太阳能、风能、地热、沼气等各种能源及各种新技术和设计理念。例如，遮阳板使用太阳能电池，可以将自然光转化为电能，为建筑所用；采用自然空调技术，可以利用地下与地表的温差，为房屋供暖或降温；通过雨水收集处理技术和污水资源化技术，为消防、绿化、洗车等提供用水，达到节水的目的；使用环保建材、环保家电，对生活垃圾进行分类收集再利用或焚烧处理，为环保屋提供采暖或电力，达到无污染的目的。

北爱尔兰的用麻和石灰复合材料 hempcrete 建造的 Hemp 生态小屋，是在 2008 年为一个 90 岁的客户建造的，坐落在 Ballynahinch 河畔的苹果园中，造价约 10 万英镑，但房间里充溢的阳光是免费的。房屋的主框架采用本地的道格拉斯冷杉，屋顶部分覆盖草皮和 350 mm 厚的羊毛用以隔热，然后用麻和石灰复合材料 hempcrete 浇铸。这些材料不含有毒化学物质（如阻燃剂），可确保建筑物对人体更无害（见图 1.7）。无论外面温度是多少，室内会一直保持恒温。hempcrete 材料不但具有令人印象深刻的热性能，它还可以吸收噪声和湿度，创建一个密闭而透气的建筑。而由于麻的气密性，使得小屋不需要在墙上覆盖塑料膜，从而达到了真正的生态状态。

图 1.7　Hemp 小屋

生态住宅是在现代住宅的基础上，从更加宏观的环境与资源的视角关注人类的生活。就其建造的基本要素而言，应体现以下方面：①充分利用自然资源；②因地制宜地进行规划设计；③减少居住环境污染；④注重居住舒适性能；⑤合理选用绿色建材；⑥创造绿色景观环境。

1.2.2 文化性

吴良镛先生在《广义建筑学》中写道："建筑的问题必须从文化的角度去研究和探索，因为建筑正是在文化的土壤中培养出来的；同时，作为文化发展的进程，成为文化之有形的和具体的表现。"

建筑的文化取向表达了建筑在精神层面的需求，在别墅的设计中，烙印着文化取向和价值观念的居住者的生活方式极大地影响着设计的最终形式。

居住建筑设计（尤其是别墅设计）有别于其他建筑，它能真正做到因地制宜，延续、整合不同的文化特色。同时，针对别墅受众对生活形态的关注，别墅设计更能反映业主的职业特点、文化品味、个人喜好及风格理念，许多设计师也更侧重通过别墅设计来阐述其建筑文化思想。

对建筑文脉的了解，是人文环境分析的必要组成。文脉，就是指建筑所处环境中周围建筑的特征和风格。在特定的地区，尤其是在具有某些历史风格或乡土风格的地段，更是需要对当地的建筑特征进行分析，从而做到建筑风格的和谐统一。此外，了解并尊重业主的生活方式和生活习惯，也会赋予别墅个性特征。

建筑的存续可能是短暂的，而文化的传承则是久远的。诚如王受之在品评深圳万科第五园地产项目时，呼吁重视中国传统民居作为文化资源的价值，认为无"庭"何为家；园林住宅的造景拟物，正是要以小见大，达到"物我合一"的生存境界，符合中国人传统的宇宙观（见图 1.8）。

图 1.8 万科第五园

建筑师王澍也在努力挖掘中国文化的深层次含义，将中国文化、中国传统建筑与西方建筑设计理论相结合，创造属于他自己的独特建筑语言，在其建筑作品中可看到中国唐宋绘画、音乐的影子。如富阳洞桥镇文村的新建民居，整体保持着灰、黄、白的三色基调，灰色的墙面采用的就是当地"石头打墙"的工艺，黄色的夯泥墙取材于当地的黄色黏土。同时，考虑到村庄养蚕、酿酒等传统文化，还为村民设计了地下作坊等空间。而其另外一个住宅作品——钱江时代，则试图打造一个"空中的江南院落"，显示出的特征是穿插堆叠、极易攀爬的错层阳台，能从中看到中国传统的材料、符号、尺度等，也能看出其中反映出中国传统的建筑与环境的关系与行为的互动。对传统元素浅层次的运用以及深层次的抽象使用，让"钱江时代"充满了中国印记（见图 1.9）。

图 1.9 文村农居改造与钱江时代

1.2.3 智能化

伴随社会科技的快速发展,人们将越来越多的先进技术应用于建筑领域,智能化就是住宅设计和别墅设计的一个发展趋势。住宅智能化在以住宅为平台的基础上,利用相关建筑设备、网络通信和信息家电等设备的安装,为住宅用户提供集服务与管理功能为一体的高效、舒适且环保的居住环境(见图 1.10)。

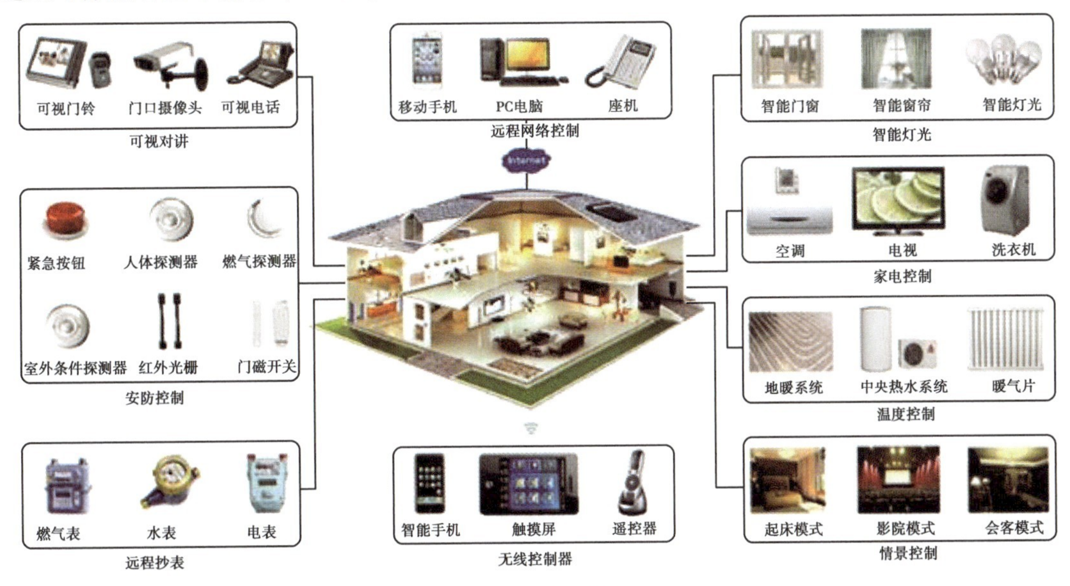

图 1.10 智能住宅

较成熟的住宅智能化技术包括:

①家庭智能控制终端:住宅智能化系统的核心,它将各个子系统的终端串接起来,经光纤或同轴电缆连接到小区传输管网,智能控制终端上设有操作键盘,还设有防撬开关和巡检装置,若通信线路或电源线被切断或被撬,小区控制中心就会报警。

②门磁门禁系统:此系统是为了确保用户住宅的安全性而在住宅大门上安装的门磁门禁系统。此系统能实现:在住户用钥匙正常开启住宅门时解除安保系统的戒备功能;在住户外出等情况下需要对住宅布防时,可用钥匙将门锁上或按下操作键盘上的设置键,使安保系统进入戒备状态;倘若在戒备状态下出现异常现象,住宅控制终端会及时向控制中心发出信号,小区控制中心发现异常即可采取安保行动。

③红外线保安防盗系统:此系统是为了防止有人从窗口或阳台闯进住宅,而安装在住宅窗口及阳台处的探测器。有人闯入时,红外线探测器即会动作,启动家庭智能控制终端上的声光报警装置,并将报警信号传到小区控制中心,控制中心即可调动就近的保安人员前往处理。

④燃气泄漏探测系统:在住宅的厨房安装燃气泄漏探测器,任何状态下,只要有燃气泄漏,探测器就会报警,同时小区控制中心也会收到报警信号,值班人员即可通知保安人员前往处理。

⑤紧急求助系统:在住宅的客厅内或在房间内安装紧急求助报警装置,当发生安全紧急情况时,住户可按下任何一个按钮,这时家庭智能控制终端不管是否处于戒备状态都会发出声光信号,同时报警信号也会向小区控制中心发送,小区保安人员即会赶往该住户协助处理。

⑥水、电、燃气自动抄表系统:住户的水、电、燃气、直饮水等的实际使用量可由家庭智能控制终端上传至控制中心,方便结算,给住户的生活带来极大的方便,同时也减少了物业管理公司的大量日常工作。

⑦家电远程控制系统:住户可通过网络向家庭智能控制终端发出指令,实现空调的开启、电饭煲的远程控制等。

综上所述,住宅智能化的建设是建筑、结构、楼宇设备、环境、信息工程、自动控制、物业管理等多门技术的集成,在设计及实施过程中,应加强各个专业之间的协调与配合。

1.2.4 地域化

建筑地域性的表征是一个动态发展的过程,它既要维持和延续原有传统的地域观念,又要通过应用现代文明和技术实现地域性的创新传承。塑造有生命力的建筑,不能仅从形式角度出发,还要实现使用者诗意的栖居,唤起他们的认同感与归属感是建筑地域性创新发展之根本。

民居,是饱含地方特色、地域特点和人文价值的建筑载体,代表了一个民族的特征,是人类历史发展的宝贵财富。对民居的研究和探索,既是对民族优秀传统的继承,又顺应了时代前进的必然趋势。

例如陕西渭南的一个窑洞住宅设计,通向主窑洞的后院,结合了传统窑洞空间形式的半弧形雨棚,能够避雨,且阻挡西北风与西晒。大面积的玻璃幕墙与木格栅保证了充足的阳光,客厅与卧室间的天井为卧室带来自然光照。在整个建筑空间设计过程当中,建筑师非常注重建筑与当地环境的融合。在空间体量方面,建筑被严格控制在平面红线与高度之内,没有任何突兀感。在空间语言上面，延续当地传统窑洞拱形的空间元素，并进行解构与重塑，使一个完全现代的新建筑能够与历史及传统产生联系。在关键材料的选择方面，采用了传统的夯土技艺，就地取材。黄土是选自山顶的黏土，结合山下的碎石渣混合而成，这既节省了成本，又令建筑更具当地特色。这样的做法使得这个建筑只能出现在这个村子里，而到了隔壁村子因为土与岩石的颜色不同，就会呈现出现不同的效果。最后，呈现给我们的就是一个完全现代化的，甚至有点超前的当地“土”房子（见图 1.11）。

图 1.11 新式窑洞别墅

要在全球化的建筑大潮中建构现代中国建筑的一席之地，将中国的文化底蕴通过建筑展示出来，就要准确把握住地域建筑文化的脉搏，以中华文明及其深厚的文化底蕴为契机，在建筑设计、城市设计、城市规划领域进行多方挖掘，整合地域建筑文化的精髓。只有这样，才能独辟蹊径、因时因地地发挥地域建筑文化所具有的勃勃生机，构建独具中国特色的和谐建筑发展模式，迎接全球化的挑战。

别墅设计原理

"建筑设计中有三点必须予以足够的重视:首先是建筑与其环境的结合;其次是空间与形式的处理;第三是为使用者着想,解决好功能问题。"

——贝聿铭

无论何种类型的建筑,设计都必须遵循一定的程序,别墅设计亦是如此。在把任务书的抽象要求转变为具体的空间形态时,设计步骤如下:

①拿到任务书后,首先要对别墅的设计条件、建筑功能、基地条件(如朝向、地形、地物、景观、车流和人流动线等)进行分析。

②根据分析的结果以及对建筑形式的构想,确定别墅形态的设计思路。

③运用建筑语言和手法,用草图把意念表达为设计的初步结果。同时应反复推敲空间形态、尺度、比例关系,结合对功能的评估,确定较为满意的别墅设计方案。

④最后选用合适的表现方法来表达设计结果。

本教材将按此设计程序具体介绍别墅的设计方法,也将设计初学者常犯的一些错误归总为附录二,以供大家学习参考。

2.1 建筑场地分析与设计

"建筑的实质目的是探索和最终寻找场所精神,在地点上建造出与之相符的构造来。"

——诺伯舒兹《场所精神》

建筑设计是一个从现有已知条件出发,有逻辑的"求解过程"。对场地条件的分析如同探讨习题的限定条件,并以之为起点进行演绎和推理,以寻求最佳的结果。因此,对场地各方面进行分析,便是别墅设计的第一步。场地是建筑设计成型的载体,是设计的客观基础。场地的条件(如地形、地质、周围的建筑环境等)都是客观存在的,不会按设计者的意志来转移。同规划、规范以及设计任务要求相比较,场地条件对场地设计的制约表现出更多的潜在性,它们并不是以明确的条款来要求设计应该怎样或不应该怎样,但这种潜在的特性并不意味着场地条件不重要,而是表明了对场地条件的认识需要设计者更主动、更积极地去思考,并通过诸多的分析和挖掘,去发现场地的潜在倾向,找到它们对设计的制约所在。

对场地条件的认识,不能仅依靠接触图纸、文件、照片等,去现场实地考察也十分重要。一方面,随时间的变化,基地的现状条件会有所改变,但很可能不会及时地反映到图纸之中,而照片所反映的基地情况常常也是局部的、片面的,实地考察能够发现一些图纸和照片所没有反映出来的具体情况;另一方面,通过现场考察能形成对场地的总体感觉,这是一种直观的印象,通过间接手段是很难获得的,它有助于设计者更好地把握场地的"个性"等抽象特质,这对于确立设计与场地关系的基本构思取向十分关键。

场地设计是对场地内的建筑群、道路、绿化等做出全面合理的布置和安排,并综合利用环境条件,使之成为有机的整体,属于全局性的工作。场地设计作为建筑设计工作的重要组成部分,应与建设项目的性质和规模相适应,服从建筑设计的总体安排,并满足建筑对功能、技术、安全、经济、美观等各方面的要求。场地设计与建筑设计是相互影响、相互依存的。建筑设计应按照局部服从整体的设计原则来贯彻场地设计的意图,否则将破坏建筑和场地环境及设施的统一性、完整性。场地设计一般分为两个阶段:①初步设计阶段,着重于场地条件及有关要求的分析、场地总平面布局、竖向布置方案、场地空间景观设计等;②施工图设计阶段,包括场地内各项设施定位、竖向设计、管线综合及有关室外环境设计的详图等。

2.1.1 场地自然条件分析

场地自然条件包括用地区域的位置、地形地貌、水文与地质、日照风象和气象等,它们都不是人为因素形成的。场地的自然状况对设计的影响是具体而直接的,对这些条件的分析是认识基地自然条件的核心。对场地自然环境的分析,有助于确定建筑在场地内的布局和效果,同时也是建筑方案设计的出发点和依据。但场地周围邻近区域的自然条件以及更广的自然背景与设计也是有关联的,尤其是当场地处于非城市环境之中时,其背景自然环境的作用更明显。所以,对于场地自然条件的认识不仅要考虑场地范围之内的部分,还要考虑场地所处环境的整体状况。

1)地形地貌

(1)地形

地形,是指地球表面的高低起伏变化,即地表的形态或地势的起伏,可以通过等高线绘制的地形图来描述(见图2.1)。地形是场地的形态基础,场地总体的坡度情况、地势走向变化的情况、各处地势起伏的大小,都是有"形"的、可见的主要因素,是场地形态的基本特征。地形表示方法有以下几种:

①等高线法。等高线法是将地面上相同高度(或水面下相同深度)的各点连线,按一定比例缩小投影在平面上呈现为平滑曲线的方法。它能把高低起伏的地形表示在地图上(见图2.2)。等高线的高度是以海平面的平均高度为基准起算,并且以严密的大地测量和地形测量为基础绘制而成。它是科学性最强、实用价值最高的一种地形表示方法,但主要缺点是不够直观。

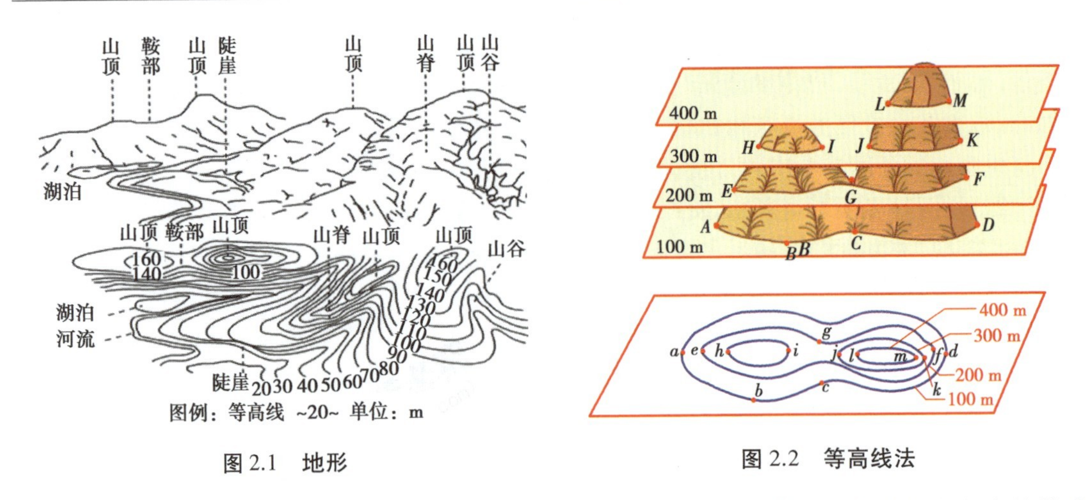

图 2.1　地形

图 2.2　等高线法

②标高法。采用在地面坡度转折处和特殊地点标注标高，有时加以表示排水方向的箭头进行辅助表达的方法，称为标高法（见图 2.3）。

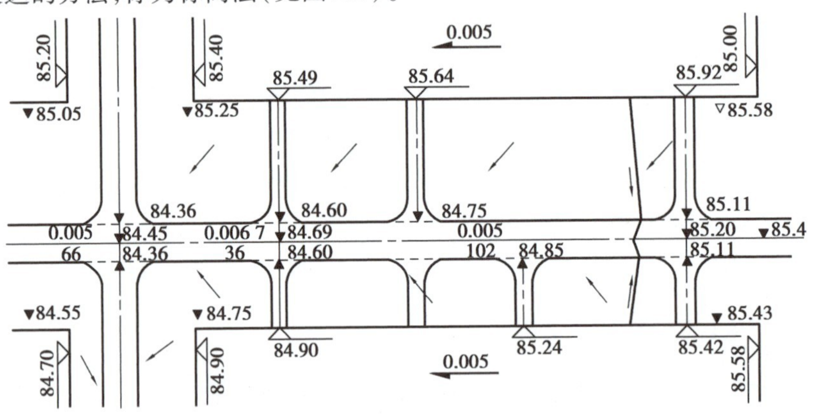

图 2.3　标高法

a.主要标注的地方。包括设计场地地面最高点标高、最低点标高，场地边界线处的标高，坡度变化处的标高。

b.特殊地点的标注。包括构筑出入口室外地坪处标高，首层室内标高，构筑物四角、道路交叉口、道路纵坡转折点处的标高，以及当地规划部门对一些点的限制标高等。

③晕渲法。是应用光照原理，以色调的明暗、冷暖对比来表现地形的方法，又称阴影法（见图2.4）。它的最大特点是立体感强，在方法上有一定的艺术性；主要缺陷是没有数量概念，在渲染暗影时没有严密的数学规则。

图 2.4　晕渲法

合理利用坡度要结合地形特点，灵活组织建筑内外空间的竖向关系。在此介绍几种常见处理手法，如筑台、掉层、错层、跌落、架空等，归纳总结于表 2.1。设计中应综合利用这些手法使建筑与地形有机结合，妥善解决使用功能、交通组织、环境设计等各项要求，创造出具有个性特色的别墅形象。

表 2.1　山地建筑处理手法

设计手法	图片说明
提高勒脚	 (a)　(b)　(c)
筑台	 (a)　(b)　(c)
跌落	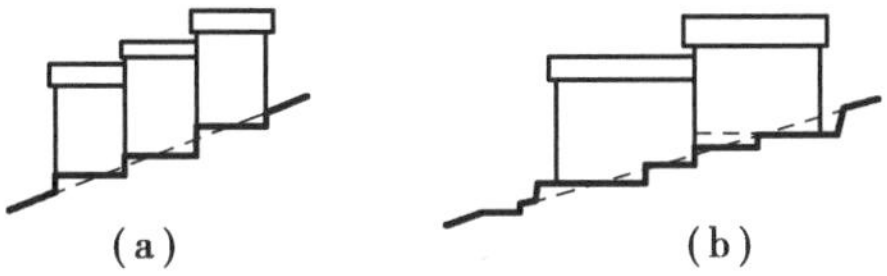 (a)　(b)
掉层	 (a)沿纵轴掉层　(b)沿横轴掉一层　(c)沿横轴掉二层
错迭	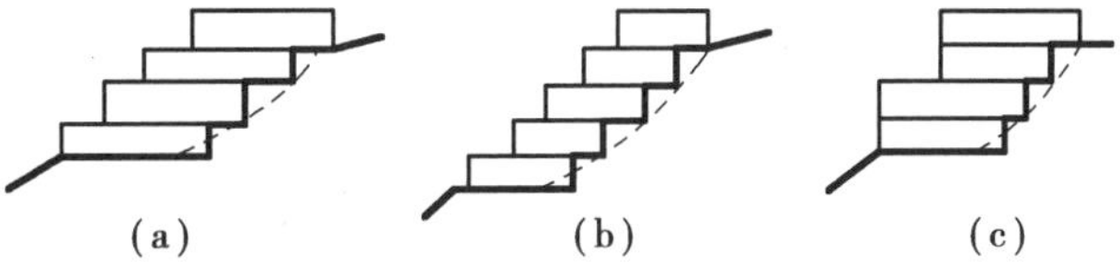 (a)　(b)　(c)
吊脚与架空	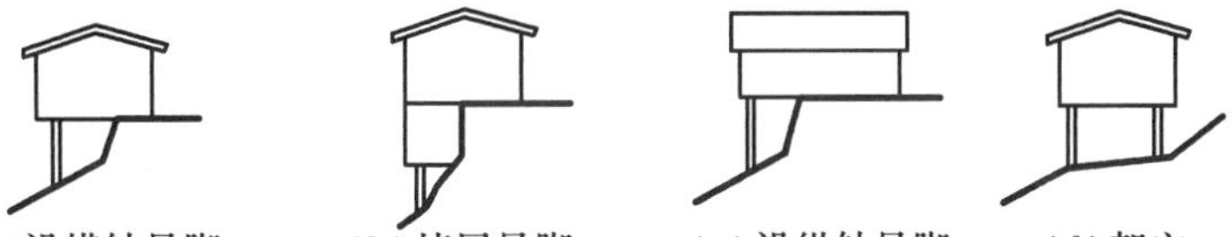 (a)沿横轴吊脚　(b)掉层吊脚　(c)沿纵轴吊脚　(d)架空
附岩	 (a)上爬及下掉　(b)下掉及吊脚　(c)下掉及悬挑

对地形的认识就是要详细分析实际情况。如果要在根本上改变基地的原始地形，工程土方量将会大幅度增加，使建设的造价大为提高，而且对地形的较大改变必将破坏场地及其周围环境的自然生态。所以，从经济合理性和生态环境保护的角度出发，场地设计对自然地形应采用适应和利用的策略。日本建筑师安藤忠雄的六甲山集合住宅就是一个很好的例子（见图 2.5）。

图 2.5　六甲山集合住宅

地形对于场地设计制约作用的强弱与其自身变化的大小有关。一般来说，当地形变化较小、地势较平坦时，其对场地设计的影响力是较弱的。此时设计的自由度较大，从布局到各项元素的具体处理方式都会有较大的选择余地。随着地形变化幅度的增大，其影响力会逐渐增强。当坡度较大、基地各部分起伏变化较多、地势变化较复杂时，地形对场地设计的制约就会十分明显。此时，场地分区、建筑物的定位、场地内交通组织方式、道路的选线、广场及停车场等室外构筑设施的定位和形式选择，以及工程管线的走向、场地内各处标高的确定、地面排水组织形式等，都与地形的具体情况有直接的关系。也就是说，在这种情况下，设计的自由程度和选择余地都会比较小，尤其是当项目规模较大、场地组成元素较多时，地形对场地布局的影响会更加明显。

地形条件与建筑设计有着辩证关系，当地形条件一般时，设计的自由度固然较大，但地形为设计所提供的因借条件也是比较有限的；当地形条件比较特殊时，设计的自由度虽然较小，但地形却常常可为设计提供一些特殊的、可供"巧于因借"的有利条件。六甲山集合住宅的案例就很好地阐述了这一点，其场地形态虽然是依附于地形条件而形成的，但是这种依附对设计是有利的。设计既是适应于地形，同时也是利用了地形，设计的创造性蕴含于其中，这正是设计工作的矛盾性所在，所以说建筑哲学的存在会伴随设计工作的始终。

假如设计者没有认识到场地条件的重要性，前期没有去深入分析和研究场地的条件，没有发现场地的地形特点，那就谈不上适应及利用了。其结果只能是形成一个与地形条件无关的设计，既不能与地形形成良好的契合关系，也白白地浪费了基地的有利条件。

当然，也有设计不理会地形的坡度，将别墅垂直于基地的。例如迈耶的道格拉斯住宅(见图 2.6)，它面湖建于山坡之上，建筑为四层高，入口在最上层，一座桥从室外道路引人进入住宅的最高层。建筑并不迁就地形，也不试图与基地的坡度相吻合，而是以独立的体量与基地硬性碰撞在一起。白色的建筑与环境的自然形态并不调和，而且在布局上也以一种与基地对立的方式来表现自身，从而表达建筑师独特的手法和个性。

(2)地貌

地貌是指基地的表面情况，它是由基地表面构成元素及各元素的形态和所占比例决定的，一般包括土壤、岩石、植被、水面等方面的情况。土壤裸露程度，植被稀疏或茂密，岩石、水面的有无等自然情况，决定了基地的面貌特征。

图 2.6　道格拉斯住宅

地貌与地形、地势不完全一样，地形偏向于局部结构，地势主要指走向，地貌则一定是整体特征，如山谷是地貌，鞍部是地形。特定的基地地貌特征形状会对建筑位置、高度、朝向、与地面的接触方式等产生极大的影响。

基地地貌景观分析的主要方法是对基地地形图进行仔细分析和标注，并去现场实地踏勘。植被是基地风貌的体现，植被状况对景观效果有很大影响，植被稀疏和植被繁茂的基地给人的印象是不相同的。同时，基地内的植被状况反映着它的生态状况，植被的存在有利于良好生态环境的形成。因此，保护和利用基地中原有的植被资源，是优化未来场地景观环境的重要手段，也是优化生态环境（包括优化小气候、保持水土、防尘防噪等）的重要手段，许多场地良好环境的形成正是因为利用了基地中的原有植被资源。对植被条件的分析，应了解它们的种类构成和分布情况，对重要的植被资源要调查清楚（如成片的乔木、灌木），以及有价值的大树、古树和较为特殊的树种等。

地表的土壤、岩石、水面也是构成基地面貌特征的重要因素。地表土质与植被的生长情况密切相关，土质的好坏会影响场地绿化的造价和维护的难易程度，因此在场地绿化配置时，树种的选择应考虑基地的表土条件。突出地面的岩石也是基地中的一种资源，若在设计中加以适当处理，会成为场地环境构成中的积极的因素。基地内部或周围若有一定规模的水面（如河、湖、溪水、池塘等），一般来说都会极大地丰富基地的景观构成，有利于改善基地的环境，也是场地设计中极好的可利用条件，它们或可作为背景景观，或可成为场地本身设施及环境组成的一个部分。

总之，基地现状的地貌条件对场地设计，尤其是绿化景园设施的基本配置和详细设计有重要意义。当基地原有的地貌条件较好时，应采取尽量保护和利用之法，这有利于基地原有的生态条件和风貌特色的保持，也利于施工之后场地环境的迅速恢复，还能有效降低场地绿化景园设施的造价，节约成本。在这种情况下，场地设计时应尽量减少由于构物及其他人工建构设施的建造所引起的改变，尽量减少人为的破坏。原有的一些天然景观资源一旦被破坏将没有机会重新恢复，所以场地布局应先考虑将具有价值的树木、水体、岩石等加以保护，再选择基地中的“空地”来组织这些后添入的人工内容。相应地，绿化景园设施应利用原有的资源进行配置，应将景园设施布置在原有资源所在区域，通过对原有资源的补充、调节和修饰来形成设计效果。例如，对原有的大片树木、草地、水面等，可考虑以此为基础构成集中的庭园绿地；对局部的大树、岩石等，可考虑利用它们构成一些点状的独立景观等；基地上无法移动的巨石、不能砍伐的古树虽然限制了建筑平面的自由发展，但如果处理得好，也可能成为建筑设计的点睛之笔。例如日本的某别墅设计，住宅平面围绕一棵参天大树展开，以之作为庭院中的视觉焦点、空间序列的高潮，既不辜负自然造物的天然情趣，又使设计与基地固有特征有机融合（见图 2.7）。

图 2.7　日本某别墅

（3）基地形状

基地的形状通常极大地限制着平面形态的发展，如基地处于城市中心地区的密集社区中时，在周围建筑的包围之下，基地被周围建筑所界定，此时基地的形状可能不太规则，而特定的基地形状将限定别墅平面的形态。

例如墨西哥的李住宅（见图 2.8），基地周围的建筑都是三层高的独户住宅，建筑与北面的三层建筑的山墙相接，使建筑北面的建筑形态被限定。为了争取南向的采光，不得不在建筑的南面留出庭院和露台。同时，为了保持街景立面的完整性，建筑沿街的部分立面其实只设计为一片三层高的墙，与邻里建筑相协调。

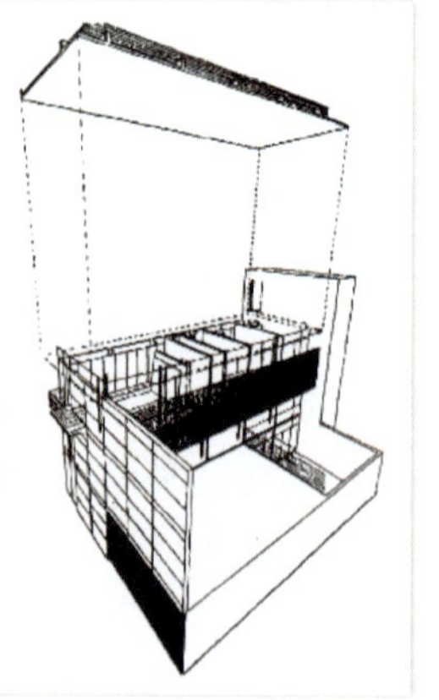

图 2.8　李住宅

另外，若基地具有某种特殊的形状（如三角形、六边形），在设计中也可以此出发，用该形状作为别墅平面设计的母题，演绎出独具特色的建筑平面。如西班牙的瓦维垂拉独户住宅（见图 2.9），基地不仅处于坡地之上，而且形状极不规则。建筑师将其化解成三角形和梯形，并以这两种形态作为建筑平面设计的母题，将建筑平面处理成彼此平行的两个体量，中间以一个平台相连。

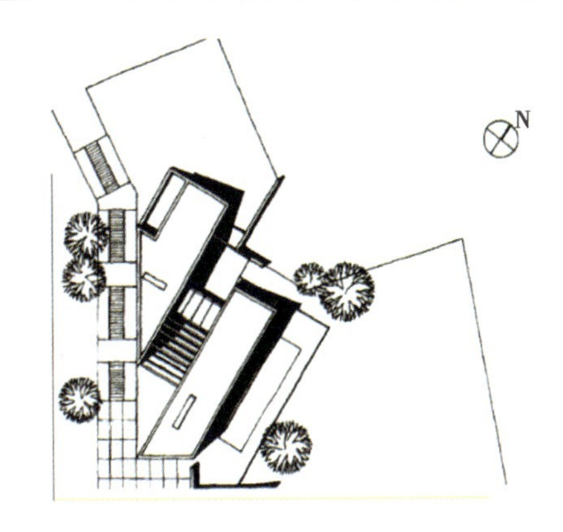

图 2.9 瓦维垂拉独户住宅

2)气象资料

气候条件对建筑设计的影响很大,也是促成场地设计地方特色形成的重要因素之一,在不同气候类型的地区会有不同的场地设计模式。对气候条件的认识,一方面是要了解基地所处地区的气象背景,包括寒冷或炎热程度、干湿状况、日照条件、当地的日照标准等;另一方面是要了解一些具体的气象资料,包括常年主导风向,冬季、夏季主导风向,风力情况,降水量的大小、季节分布,夏季、冬季的雨雪情况等。

场地布局(尤其是建筑物布局)应适应当地的气候特点,建筑物集中或分散的布局形式以及体形和平面的基本形态,要考虑寒冷或炎热地区的采暖保温或通风散热的要求。一般地,寒冷地区的建筑物以集中式布局为宜,其比较规整聚合的平面形态可减小建筑物体型系数,利于冬季保温。炎热地区的建筑多采取分散式布局,较疏松伸展的平面形态更有利于散热和通风组织。根据建筑物的布局和平面形态,场地的整体形态也会有所不同。采取集中式布局时,建筑物在场地中多呈现出较独立的形式,场地中其他的内容也会随之较集中;分散式布局常会把基地划分成几个区域,建筑物与其他内容多会呈现出穿插状态。在场地中有多栋建筑时,布局应考虑到日照的需求,根据当地的日照标准合理确定日照间距。建筑物的朝向应考虑到日照和风向条件,主体朝向采取南北向有利于冬季获得更多日照,同时也可防止夏季西晒,主体朝向迎向夏季的主导风向有利于取得更好的夏季通风效果,同时避开冬季主风向可防止冬季冷风的侵袭。

受基地及其周围环境的一些具体条件(如地形、植被状况、周围的建筑物情况等)的影响,基地内的具体气候条件会在地区整个气候条件的基础上有所变化,形成基地特定的小气候。例如,基地内的通风路线会在地形、树木、周围环境中的建筑物高度、密度、位置、街道走向等因素的影响下有较大的改变,形成基地特定的风路;基地周围大的地势起伏等因素对基地的日照条件会有较大影响;基地的植被条件、水体情况也会对温湿度构成影响等。总之,基地的小气候条件会因具体影响因素的不同而不同,这种具体的变化也需要设计者加以认真分析和研究。从节约能源、保护生态出发,场地设计应采取与基地气候和小气候条件相适应的形式,并努力创造更好的场地小气候环境。例如,建筑物布局应考虑到广场、活动场、庭院等室外活动区域的向阳或背阴的需要,考虑到夏季通风路线的形成;适当的绿化配置可有效防止或减弱冬季冷风对场地的侵袭;水池、喷泉、瀑布等人造水景可调节空气的温湿度,改善局部的干湿状况。

(1)日照

在建筑设计中,日照直接影响别墅的采光和朝向设计,以及各个功能空间的布局。因我国地处北半球,别墅的生活起居空间通常需要比较充足的日照,应尽量使这些空间处在南向以及东南向或西南向,而别墅的服务、附属空间则多布置于没有直接日照的北向。合理的住宅朝向是保证住宅获得日照并满足日照标准的前提,应根据日照分析,决定建筑趋光与遮阳的策略,合理确定建筑的朝向与房间布局。

对日照的分析,首先要把握太阳的运动规律,动态分析一天之内太阳由东向西的运动轨迹,以及一年春夏秋冬四季的太阳高度角变化,在争取日照的同时,要考虑夏季的遮阳。一天内太阳的日照方式主要涉及以下几个方面:①早晨太阳位于东面,早晨的阳光明亮,但温度不高,在此日照范围区域适合布置早餐空间及厨房;②上午至中午,阳光的照射使温度逐渐升至最高,亮度也同步增强,正午时太阳运动到正南向,在此日照范围内适宜布置起居室、餐厅以及温室等空间;③中午到下午,太阳从烈日当空到渐渐西沉,西面的阳光比较强烈,通常会以遮阳板或花架遮阳。在许多地处郊野的基地,日落景色也是壮丽的自然馈赠,在建筑设计中需要考虑。另外,一年中随着四季的更替,各个季节太阳高度角也有所不同,夏季太阳高度角比较大,冬季比较小,因此需要据此对别墅屋檐的出挑宽度进行设计,以求夏日遮阳和冬季阳光尽可能多地射入建筑内部(见图2.10)。

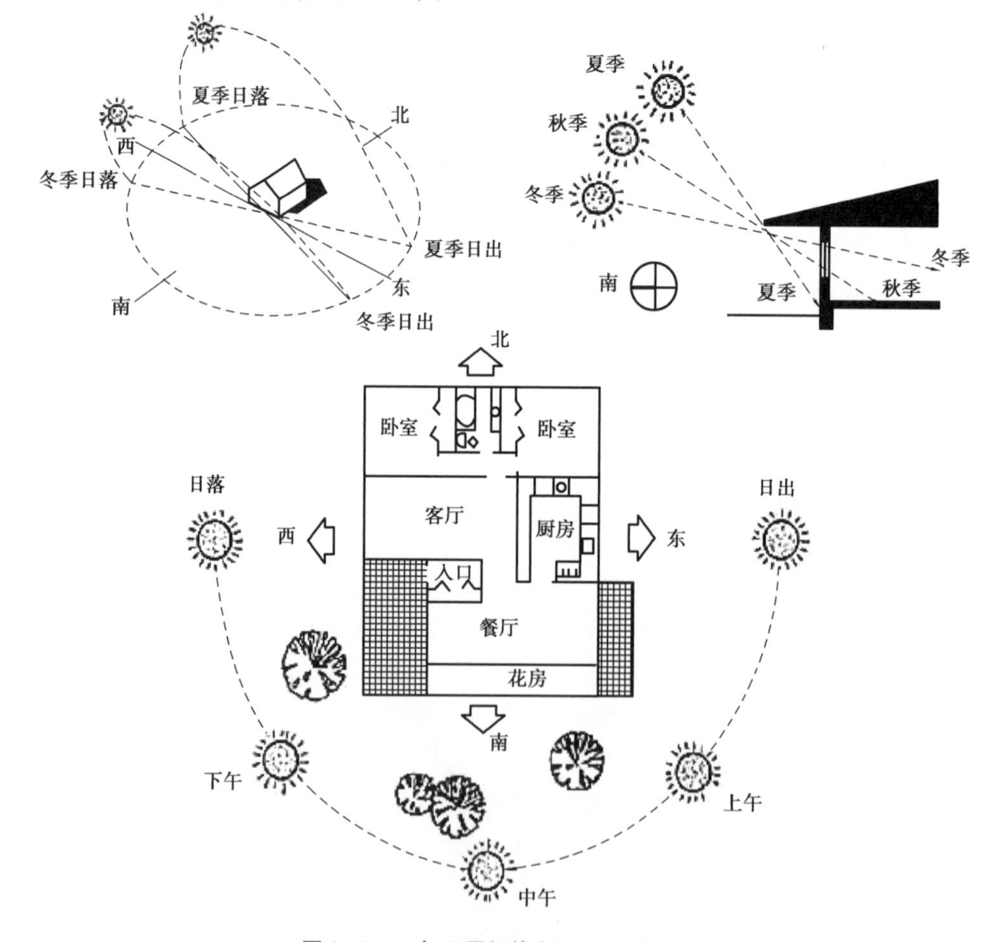

图2.10 一年日照规律和一天日照规律

在建筑造型设计中，对光影的考虑也是不可缺少的一个重要环节。瞬时变化的光影会使建筑的层次更加丰富，色彩更加生动。把阳光作为建筑塑造中的动态造型元素，分析和把握每日、每季的太阳高度、温度、亮度的特征，有利于建筑细部设计的深入，类似案例可参看本教材第 3.2 节的案例——竹屋。

(2)风象

建筑对通风有要求，显然对风象资料的分析也很重要。对风的观测包括风向、风速和一段时间内出现的频率(见图 2.11)。

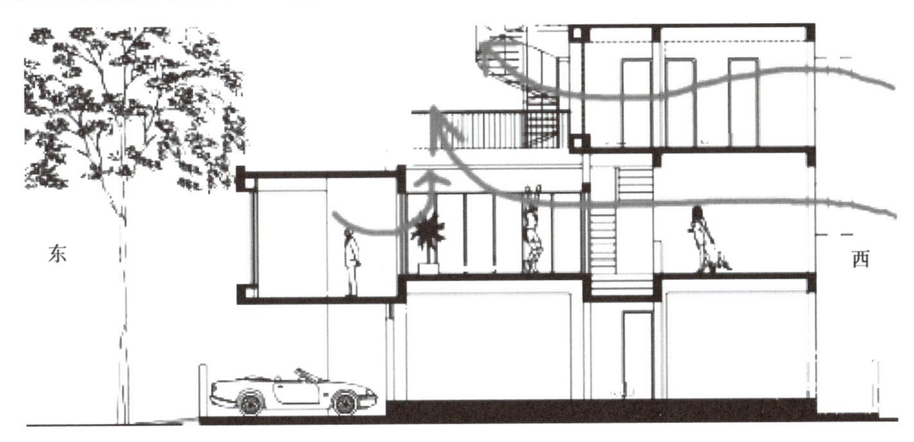

图 2.11　通风分析图

风向是指风吹来的方向，地面风向用 16 个方位表示，空中风向用 360°表示。建筑场地设计中所说的风向一般指地面风。风向是多变的，有瞬时风向和平均风向之分，通常所说的风向是指 10 min 的平均风向。

风速是单位时间内空气在水平方向上移动的距离，单位为 m/s。风速也是时刻变化的，有瞬时风速和平均风速之分，平均风速一般是指 10 min 内的平均风速(见图 2.12)。

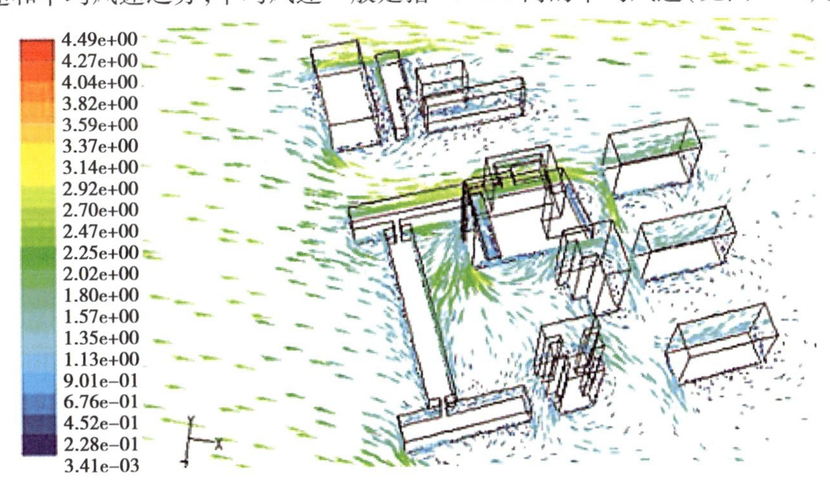

图 2.12　室外风速流线图

依据某月、季、年、数年某一方向来风次数占同期观测风向发生次数的百分比，将各方位风频按比例绘制在方向坐标图上，形成封闭的折线图形，即为风向(频率)玫瑰图。玫瑰图上所表示的风的吹向,是自外向中心吹的(见图 2.13)。每个地区都有自己专属的风向玫瑰图,可在《建筑设计资料集 01》中查找。

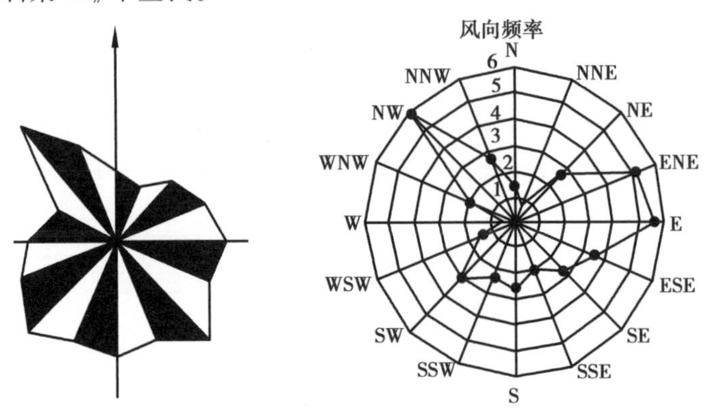

图 2.13　风向玫瑰图

3)水文地质

场地中建筑物位置的选择,地下工程设施、工程管线的布置方式,以及地面排水的组织方式,都与基地的地质水文条件有着密切的关系。

基地的水文情况包括河、湖、海、水库等各种地表水体和地下水位的情况。场地设计应考虑到地表水体的水位情况,河湖等的淹没范围,海水高低潮位,河岸、海岸的变化情况等。建筑物、道路及其他室外设施与水面、岸线的距离和高差等具体处理方式,应根据具体条件来确定。地下水位情况与建筑物的地基工程及地下管线设施有着密切联系,地下水位过高往往不利,在这种情况下,设计中需采用适当的处理方式。另外,场地雨水的排出方式、方向和路线应根据地表水体的情况和基地中现有的汇水路线来考虑。

需要掌握的基地地质情况包括:地面以下一定深度的土壤特性,土壤和岩石的种类及组合方式,土层冻结深度,基地所处地区的地震情况,以及地上、地下的一些不良地质现象(如溶洞)等。土壤和岩石的不同种类、特性和组合方式关系着地基承载力的大小,将会影响到场地中建筑物位置的选择,也会影响建筑物基本形态的确定。因为建筑物层数越高,要求地基承载力相应也越大,如果地基的承载力较小,又受到造价等其他因素的限制,那么就应考虑适当地降低层数,这样就必然会影响到建筑物的基本布局形态。另外,土层冻结深度将会影响到建筑物基础和地下管线的埋置深度,也应引起足够重视。

地震是不可避免的自然灾害,场地设计应根据基地所处地区的设计强度以及基地的具体地质地形做出相适应的处理。地震多发地区的场地设计,应在建筑布置上考虑好人员较集中的建筑物的位置,将其适当远离高耸建筑物、构筑物及场地中可能存在的易燃易爆部位,并应采取防火、防爆、防止有毒气体扩散等措施,同时要避开不利地段等,以防止地震引发次生灾害。场地中应设置各种疏散避难通道和场所,建筑物之间的间距应适当放宽,道路宜采用柔性地面。

基地中可能出现的不良地质现象主要有冲沟、崩塌、滑坡、断层、岩溶、采空区等。一般来说,建设的基地不会选择在具有或可能出现大型不良地质现象的地区,但在场地设计中还是应对基地中可能存在的小规模的不良地质现象给予足够重视。建筑物的布局应避开有不良地质现象的部分,其他场地内容的组织也要考虑到这些地质现象可能的影响,并采取相应的处理措施。

4) 景观及视线分析

基地的景观条件包括基地周围的自然风光（海景、山景、植被、林木等）和人文景观（古迹、文物等），以及基地范围内可以成为景观的一切有利条件。对基地周围景观条件的细致周全的把握，可以成为预先设定别墅的立面朝向、开窗主要方向的根据。可利用对景、借景等手法，充分利用环境因素，将人文、自然风光引入别墅内部，同时把杂乱、嘈杂的不利因素阻隔在别墅的视野范围之外（见图 2.14）。

景观分析的主要方法是对基地地形图进行仔细分析和标注，并对基地进行现场勘察。要在地形图上详细标注视线范围以内的自然造物，以及从基地看去的视角和视距，甚至包括山的高度、仰角等，以便确定别墅开窗的方向和角度。

对基地的分析也有利于把握建筑建成后对基地所在自然环境造成的影响，预见影响的结果。如赖特的许多住宅作品依山而建，在选择建筑位置时就分析了建筑物对山体形态的影响，认为别墅不宜建于山顶，而应该选择山腰的位置。这样一方面可使建筑融于自然，另一方面又不破坏山体形态，做到了顺应自然、尊重自然。

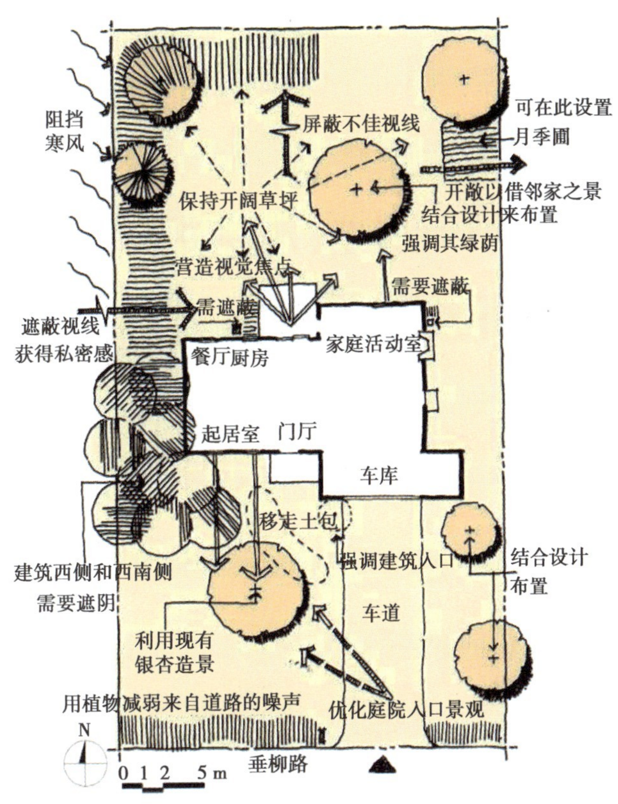

图 2.14　景观及视线分析

分析景观条件以后，在中国传统造园中常用的借景和对景手法往往可对基地与建筑形成有机联系起到重要的作用。所谓“借景”，就是将环境中的景观因素组织成为建筑景观的一部分，可扩大空间、丰富景观；“对景”就是通过特别设计的一系列空间限定，使环境景观中的特定因素成为建筑视野中的对应物，两个景观相互观望、相互烘托。对基地进行景观分析，可以在设计之初确定所选的借景或对景物体，例如马里奥·博塔 1971 年设计的独户住宅（见图 2.15），屹立于圣乔治奥山脚，与鲁甘诺湖对岸的古老教堂隔岸而立，红色的桥从外界通往建筑的主要入口，从门厅处回眸望去，桥体如同一个红色的画框，将对岸的古老教堂容纳其中，使古老与现代产生了视觉上的对应关系，通过如此对景，完成了古今的对话。这种建筑与环境的对应，必然是建立在建筑与环境分析上的。

当然，基地环境有时也不尽人意，建筑师不希望一些杂乱的景物进入别墅的视野，因而需要在进行基地分析时作出标定，以利取舍。尤其在建筑密集的城市地段，基地周围的建筑往往已经建成，基地处于这样的缝隙中，就必须考虑与周围建筑的关系，比如与相邻建筑的山墙的关系，周围建筑对别墅造成的影响，别墅对邻里建筑的影响等。这些影响包括建筑间彼此对日照、主导风向的遮挡，视线之间的干扰，以及别墅自身及邻里建筑的风格对街景的影响等。安藤忠雄的“住吉的长屋”建于大阪市中心的狭长基地上(见图2.16),周围环境嘈杂混乱,多为零乱的多层建筑,没有建筑师所需要的天光云影、湖光山色。为了避开不利的环境条件,建筑师将建筑外墙完全封闭,除了入口,不开其他的洞口,同时在建筑中心设计一个庭院,从庭院中感受风霜雨雪、四季变换。当然,安藤所采用的是最为极端的设计手法来彻底回避不利的景观条件或邻里环境。

图2.15　博塔的独户住宅

图2.16　住吉的长屋

2.1.2 场地人文条件分析

任何建筑都必然处于特定的自然与人文双重环境中,受自然环境与人文环境的共同影响和制约,但建筑也通过自身的形态反作用于自然和人文环境。不同地域文化会造就不同的建筑形态和风格,同时,地域文化反映在居住者的生活方式中,造就不同的建筑空间布局、使用方式、建筑特征。不同地区具有不同的建筑风格,如日本的和风住宅、中国傣族的傣楼等;不同的宗教信仰对住宅也有不同的要求,如伊斯兰住宅中有极其讲究的朝拜空间等。对基地所处地域人文环境的准确把握,可以使建筑更加合乎使用需求和精神需求。

基地的人文条件分析既包括分析基地所处的特定地区的文化取向、建筑文脉、地方风格等,也包括详细了解限定别墅设计的地方法规、规划控制条例等。

1) 文化取向、文脉与地方风格

建筑的文化取向表达了建筑在精神层面的需求。在别墅的设计中,烙印着文化取向和价值观念的居住者的生活方式极大地影响着设计的最终形式。比如和风建筑以榻榻米的尺寸为建筑模数,以推拉门分割空间,建筑通透,空间变化丰富多样,而且住宅内的和室往往并不需要直接对外的采光,在形式上如同通常建筑设计中所忌讳的"黑房间"。

对地方建筑传统的深入了解和仔细研究,也有利于建筑设计的地域性特征的形成。例如斯蒂文·霍尔所设计的温雅住宅(见图 2.17),基地位于马萨诸塞州的海边。建筑师并没有简单采用常规的建筑形式(如当地常见的维多利亚橡木农舍、海边的船长住宅等),而是希望建筑可以表现更加深层的文化内涵。在他对当地建筑传统进行了较深入的研究之后,从当地印第安人传统的建屋方式中得到灵感:传统上,当地的印第安人建窝棚时,会选择海边已经风干的鲸鱼的骨架作为建筑的主要支撑结构,在骨架上覆以树皮或动物皮革作为墙体。于是,温雅住宅就以木构架模仿鲸鱼的形态,在设计上沿用了印第安人的部分手法,使建筑表达了鲜明而独特的地域文化特征。

图 2.17 温雅住宅

对地方建筑文脉的了解,也是人文环境分析的必要组成部分。所谓文脉(context),就是指建筑所处环境中周围建筑的特征和风格。在特定的地区,尤其是在具有某些历史风格或乡土风格的地段,更是需要对当地的地方建筑特征进行分析、总结和概括,从而做到建筑风格的和谐与统一,以及建筑精神气质的一脉相承。例如,美国阿肯色州的集合住宅,相邻的建筑是古典的维多利亚式建筑,为呼应邻里建筑的风格,住宅运用多变的屋顶造型和木檐板的外墙取得与当地风格相一致的特征,在使建筑具有历史感的同时,顺应了地方的建筑文脉。

此外,了解并尊重业主的生活方式和生活习惯,也会赋予别墅以个性特征。例如,弗兰克·盖里的诺顿住宅是为一个早年做过救生员的剧作家而设计的(见图2.18),由于当年的救生员生活对业主的一生有着巨大的影响,他希望住宅能够帮助他保持对这段生活的记忆,于是在建筑设计中,业主的书房被独立出来,设计成海边救生员小屋的形式。

图2.18　诺顿住宅

2)地方法规和条例

基地所处区域的人文条件也包括地方建筑管理机构为基地及基地周围的建筑形式、构建方式、基地使用情况所规定的某些限制。这些限制包括当地的地方法规、基地的红线要求、建筑的退红线规定,以及对建筑高度、建筑密度、容积率、建筑限高等方面的具体要求。

规划部门出于对公共利益的维护,通过对红线、退红线的规定,以及对建筑高度的规定等,限制建筑的自由延伸,使建筑与左邻右舍协同起来,赋予环境以整体性。另外,在许多历史地段,管理部门往往还仔细地规定建筑必须具有某种具体的风格特征。对在校学生来说,虽然没有必要在繁杂的建筑法规上花费过多的精力,但养成了解和遵守法规的良好意识,对建筑师的成长十分有益。

(1)建筑红线(用地红线)

建筑红线,也称"建筑控制线",是指城市规划管理中,控制城市道路两侧沿街建筑物或构筑物(如外墙、台阶等)靠临街面的界线。由于交通、消防、绿化、日照、景观等方面的要求,城市规划部门会在"规划设计要点"中标明建筑应退让红线的距离,必须按此规定布置建筑(见图2.19)。任何临街建筑物或构筑物都不得超过建筑红线,建筑红线可与道路红线重合。在新城市中,常使建筑红线退于道路红线之后,以便腾出用地,用于改善或美化环境,取得良好的效果。用地红线只是标注在红线图上,现场是看不到的。

(2)用地面积

用地面积是指整个建筑规划场地范围的总面积,而场地范围是由道路红线和建筑控制线形成封闭围合的界线来界定的。道路红线是城市道路用地的控制线,即城市道路用地和建筑基地的分界线,建筑控制线是建筑物基底位置的控制线。场地范围内不一定都能用于安排建筑。当有后退红线要求时,道路红线一侧场地内规划的宽度范围内不能设置永久性建筑。如无特殊要求,红线后退而让出来的空间可以设置道路、停车场、绿化等设施。建筑与相邻基地边界线之间应留出相应的防火间距。

(3)总建筑面积

总建筑面积是指场地上各类建筑的各层建筑面积的总和。

(4)容积率

容积率是指场地内各类建筑的地上总建筑面积(地下建筑面积不计入)与场地总面积的比值,是用来控制场地上建筑面积总量的指标。此值越大,建设用地范围内的可建造面积越大,外部空间就越拥挤。

(5)建筑密度(建筑覆盖率)

建筑密度是指场地上各类建筑物的基底面积之和与场地总面积的比率(%)。

(6)绿地率

绿地率是指规划建设用地范围内的各种绿化用地总面积与场地总面积的比率(%)。此值越大,建筑的室外空间越容易获得更好的景观环境和空气质量。

(7)建筑高度与限高

建筑物的建筑高度是指建筑 筑檐口或女儿墙的总高度。城市规划管理部门一般会对建设项目的建筑高 筑的层数有限制),称为"建筑限高",以避免建筑过高带来的负面影响。

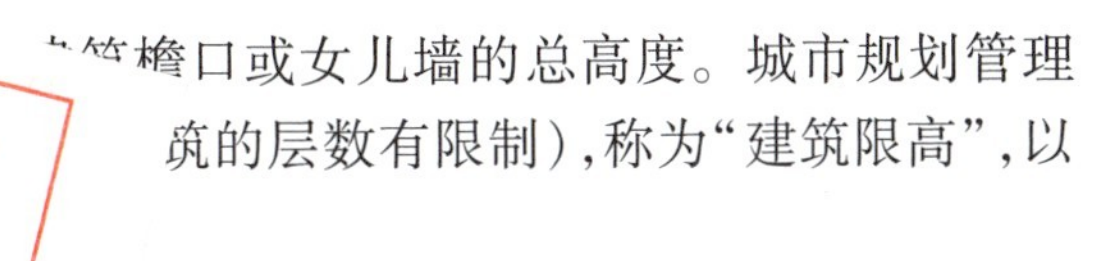

(8)日照间距

日照间距是指前后两排南向房屋之间, 后排房屋在冬至日底层获得不低于1 h的满窗日照而保持的最小间隔距离。

日照间距是以房屋长边向阳、朝阳向为正南、正午太阳照到后排房屋底层窗台为依据来进行计算的。由图2.20可知:$\tan h=(H-H_1)/D$,由此得日照间距应为:$D=(H-H_1)/\tan h$。

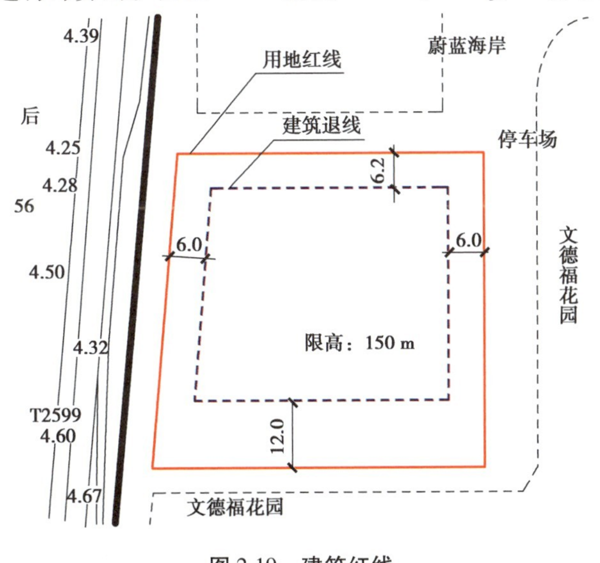

图2.19 建筑红线

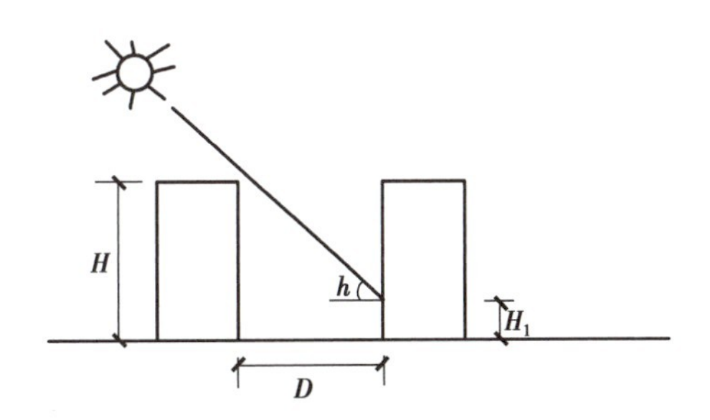

图2.20 日照间距

h—太阳高度角;H—前幢房屋檐口至地面高度;D——日照间距;H_1—后幢房屋窗台至地面高度

实际应用中,常将 D 换算成其与 H 的比值,即日照间距系数,以便于根据不同建筑高度算出相同地区、相同条件下的建筑日照间距。如居室所需日照时数增加时,其间距就相应加大,或者当建筑朝向不是正南时,其间距也有所变化。在坡地上布置房屋,在同样的日照要求下,由于地形坡度和坡向的不同,日照间距也会随之改变。当建筑平行等高线布置时,向阳坡地的坡度越陡,日照间距可以越小,反之则越大。有时,为了争取日照,减少建筑间距,可以将建筑斜交或垂直于等高线布置。

住宅正面间距应按日照标准确定的不同方位的日照间距系数来控制,也可用《城市居住区规划设计规范》(2016 版)表 5.0.2-2 中不同方位的间距折减系数换算。

另外要特别注意,别墅若建在水边,则建设项目可能会涉及水运部门、防洪防汛部门、绿化主管部门所管辖的范围,而不仅仅只是规划部门和消防部门。

2.1.3 场地动线分析

所谓场地动线,就是指人流、车流的运动轨迹线。对基地动线进行分析,可以具体把握基地周围和基地内部的人与车的运动速度、路线和方式,这对建筑入口、车库的位置和停车方式的选择,以及建筑造型重点的选定,都具有非常重要的作用。

1)基地周围的动线分析

基地周围的交通方式和动线特征是基地周围动线分析的重点。首先需要对基地周围的道路情况进行标注,并且对不同宽度和通行等级的道路进行分类,以分别确定人和车从外界到达别墅的最佳方式。别墅的庭院入口一般不宜选择在车速快、交通流量大的城市道路上。同时,从外界到建筑的到达方式也影响着具有主要表现力的建筑体量和造型形态的布局位置,通常别墅的造型设计重点就是从外界易于看到的部分。如果基地是在坡地上,从坡地高处到达建筑与从低处到达建筑,建筑体形设计重点将有所不同。如果动线方向来自高处,就要求建筑的顶部处理比较丰富,屋顶有较多的层次和起伏;如果动线方向来自低处,则建筑的造型重点应该是建筑本身,以色彩、质感、光影等方面的设计吸引人的视线。

2)基地内部的动线分析

基地内部的动线分析是指在基地范围内对使用者和汽车可能的运动轨迹进行分析。使用者包括业主、客人和保姆,他们往往使用建筑的不同入口,以期各自能直接到达起居空间或辅助空间等不同性质和使用功能的空间。同时,基地内私人轿车进入车库的方式、转弯半径、道路宽度等也需仔细设计。通常轿车需要设计成以最直接、便捷的方式进入别墅的车库。然而当基地的车行入口在南面时,为了避免车库占据采光效果最好的南向面而想把车库设计在北面或西面,则需要在基地内部设计比较复杂的车行道路。有时基地内的车行道会结合儿童游戏空间、洗车地以及硬质铺面的室外空间进行布置。在相对狭窄的建筑基地上,有时不易满足轿车转弯半径所要求的尺寸,因而在车库的平面位置选择上就必须反复调整,以求最优方案,甚至有时不得不架空建筑的一层,以在基地内部满足车行路线的要求。

3)基地的交通组织

交通组织分动态、静态两个方面,其中动态交通组织是指组织好进出人员与车辆的运行,做好内部场地与城市道路之间的动态运行路线分析,确定人与车从基地外到达基地内部的最佳到达方式。一般别墅基地入口不宜设在车速快、交通量大的城市道路上,当用地周围有两个以上方向均有车行道时,别墅基地出入口应尽量选择设在次干道上。同时,还要设计好基地内人员的步行路线,以及车辆进入车库的方式、转弯半径、道路宽度等,还需要注意入口与车库的相对位置越直接越好,车库入口与人行入口最好放在一个朝向上(见图 2.21)。静态交通组织是指停车设施,要考虑地上、地下各种车辆的停泊。

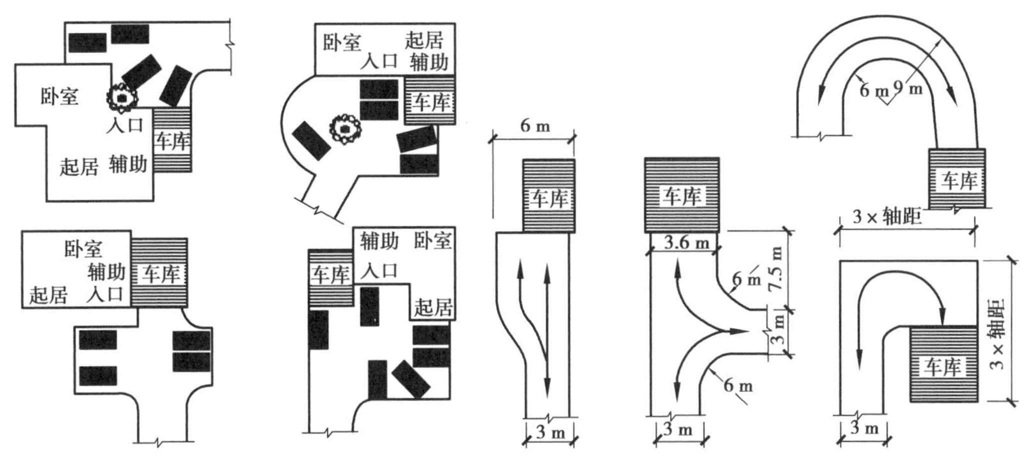

图 2.21 车库设计

当然,在满足交通运输多种功能的同时,还应满足人、车安全,且道路选线要尽量节省场地,为现状场地留有宽敞良好的建筑条件、绿化环境和工程管线敷设的条件。

道路及停车场主要技术要求如下:

①道路宽度(即行车道路的宽度),要求单车道 3.5 m,双车道 6~7 m;考虑机动车与非机动车共用时,单车道 4 m,双车道 7 m。

②回车场,尽端道路不应小于 12 m×12 m。

③小型停车场停车位参考尺寸为 3 m×5 m。

④机动车转弯半径不应小于 6 m。

⑤人行道宽度,一般不小于 1 m。

⑥单台自行车按 2 m×0.6 m 计,其停放方式及停车尺寸按单向排列、双向错位、高低错位及对向悬排而有所不同,车辆排列既可垂直,也可斜放。

2.1.4 其他

1)竖向设计

竖向设计是指建筑结合地形条件,合理安排场地内主要地块和关键点的设计高程,进行竖向布置。一般来说,平坦的建筑场地应保证不小于 3‰的自然排水坡度,而起伏较大的场地要特别注意错层后地面各层出入口与地面高程的关系。

①确定建筑室内外地坪标高、场地等标高及其相互关系。选择场地平整方式和地面连接形式有 3 种——平坡式、台阶式和混合式。不同高程地面的分隔可采用一级或多级组合的挡土墙、护坡、自然土坡等形式,交通联系通过台阶、坡道、架空廊等解决。同时,必须考虑尽量减少土石方工程量。

②确定场地地坪标高、建筑标高及道路交叉点、转折点、变坡点标高和坡度。确定设计标

高,必须根据场地的地质条件,结合建筑的错层等使用要求和基础情况,并考虑道路、管线的铺设技术要求,以及地面排水的要求等因素,同时,也要本着尽量减少土石方的原则进行。场地内建筑至道路坡度最好为1%~3%,一般允许为0.5%~6%。

③拟订场地排水系统的方案。应根据场地的地形特点划分场地的分水线和汇水区域,合理设置场地的排水设施,确定场地的排水组织方案。首先要避免室外雨水流入建筑物内,然后引导室外雨水顺利排至道路进入排水系统。

④土石方平衡。计算场地的挖方和填方量,使挖、填方量尽量接近平衡,且土石方工程总量达到最小。

2)植被及景观设计

植被在地球物质和能量循环中扮演着非常重要的角色。植物不仅通过光合作用产生游离氧补充空气,也以其他形式来改善气候,调节气温,过滤尘埃,减低风速,增加空气湿度,形成局部小环境。建筑设计中,植被的应用恰当与否,在于能否将植物的非视觉功能(指改善气候、保护物种的功能)和视觉功能(指审美上的功能,起到装饰基地和构筑物的作用)统一起来。

在别墅设计时应对植被的生态效应和美学功能有所考虑,通过确定基地上树种选择、色彩搭配和布置方式,与建筑布局、场地内构筑物布置相协调,以形成优美的外部环境和良好的小气候(见图2.22)。

图2.22 植被与景观设计

2.2　设计构思与造型设计

2.2.1　建筑设计立意

1)创作主题——立意

无论是文学、绘画，还是音乐，任何艺术创作都必须要有创作主题，即所谓立意。立意是作者创作意图的体现，是确立创作主题的意念，是创作的灵魂。"意在笔先"是一切创作的普遍规律，建筑创作也不例外。建筑的立意好比艺术作品中所表现的中心思想，是作品思想内容的核心。通常立意应在构思之前，当然也不是绝对化，事实上立意是在反复思考中形成，有时立意与构思同时产生，甚至个别情况是先有构思，后逐渐明确立意。

立意不是凭空而来的，也不是光靠冥思苦想，它有赖于设计者在全面而深入的调查研究基础上，运用其建筑哲学思想、灵感与想象力、知识与经验等，对他所要表达的创作意图进行决断。在建筑设计过程中会出现很多矛盾，只有基本解决这些矛盾才能获得佳作。但就创作立意而言，不宜涉及很多问题，要抓主要的矛盾，否则就会沦为面面俱到、平平庸庸、缺乏表现力。

(1)建筑哲学思想

密斯以"少就是多"的立意设计了对现代建筑影响深远的巴塞罗那博览会德国馆；勒·柯布西耶基于"新建筑五点"的立意设计出萨伏伊别墅；赖特以"有机建筑"的立意设计了别具一格的流水别墅。由此可见，一座能在建筑发展史上产生深刻影响的建筑物，无不是建筑大师哲学观的物化，要想使创作立意高深，运用建筑理论作为指导是非常重要的。

(2)灵感

长期以来，人们对灵感及其产生感到神秘，实际上这是经常发生的事，是每个人都有经历的。现代汉语词典对"灵感"的解释是，在文学、艺术、科学、技术等活动中由于艰苦学习，长期实践，不断累积经验和知识而突然产生的富有创造性的思路。对建筑设计者来说，灵感是在构思方案、探索理念、提炼创意和方案表达的思维活动中撞击出的火花，并因此产生了新的、可行的思路。在冥思苦想中，犹如山重水复疑无路，当火花闪现时，就是柳暗花明又一村。

但并不是有了灵感，就可以据此进行设计。因为建筑创作不同于其他纯艺术活动，在出现灵感、着手解决问题时，应勿忘建筑是多元、多矛盾的综合体，勿忘建筑受诸多因素制约，勿忘建筑创作准则，勿忘建筑学的规律、法则、法规等。

总之，灵感不是无源之水，也不是幻觉。灵感源于生活，源于实践，源于知识，这已被国内外建筑师先辈所证实。

齐康先生创作的"海之梦"，建于长乐海滨的一座小岛上。由于作者有海螺与蚌在海中生活的知识，由此产生了联想，并运用建筑语言创作出与环境融为一体并具有诗境般的"海之梦"。如果没有对海的观察，创作者就不会联想到蚌与螺，而没有海中蚌与螺的形象，就不可能产生形似蚌螺的"海之梦"。

彭一刚先生创作的"甲午海战纪念馆"，其建筑外观形态由横向"船体"和纵向巨柱与雕像构成。在建筑入口处屹立着一尊巨大雕像，他手持望远镜，凝视万里海疆，预示一场保卫领海的悲壮大海战即将展开。没有船上的生活体验(或从知识中来),何来纪念馆建筑造型的船体形态?没有对指挥官手持望远镜的认识,如何会在建筑入口树立一尊手持望远镜凝视祖国万里海疆的艺术造型?没有"船体",没有手持望远镜的巨雕,又何来建成后的甲午海战纪念馆的动人风采?

贝聿铭先生在设计美国国立大气研究中心时,曾在该建筑坐落地区生活 7 天 7 夜,就是为了在建大气研究中心的环境中体验生活,构思方案。最后他终于从附近的群山和印第安人居住建筑中获得灵感,创作出与环境融为一体的大气研究中心。

(3)想象力

知识是无限的,但创作者个人所能掌握的知识是有限的。就建筑创作而言,设计者所掌握的专业与横向知识也是有限的,但客观存在的创作对象却是千变万化、千差万别。建筑又要求创新,要求个性,这岂不为难建筑师?所幸人的大脑活动有联想与想象。可以认为,联想是由甲想到乙,由白想到黑,想象是由甲想到白,由白想到乙。建筑师所掌握的知识好像是一个个孤立的点,通过联想,就会有一个个的知识发展为由点构成的串,从理论上说可以无限地延长;而通过想象,就可由一个点的知识发展为纵横交错的网。

由此可见,作为从事创作的建筑师,培养自己的想象与联想的能力是重要和必需的。可以说,联想是点燃灵感的火花,想象是通往创新的桥梁。没有想象力的创作必然是平庸之作,而缺乏想象力的建筑师也很难创作出佳作。但需要切记的是建筑创作有别于其他艺术创作,在文艺创作中,可以有戏说,而建筑是消耗巨大物质与人力的社会产物,是供给他人使用与观赏的,故在进行建筑创作时绝不能天马行空,更不能胡思乱想,要防止不切实际和可能带来其他方面缺陷或后遗症的异想天开。当然,也不宜以建筑创作的条条框框作为不可更改的"紧箍咒",因为这样会禁锢想象力和创造力。对建筑创作来说,需要辩证地思考与处理这个问题。

贝聿铭先生创作的"滋贺县 Miho 美术馆",建于日本关西滋贺县甲贺郡的信乐国家自然公园内,周围山峦叠起,丛林密布。贝聿铭观察了用地,在这自然清幽的环境中构思着这项设计的理念,突然,脑中闪现出陶渊明的《桃花源记》,这一联想促使贝先生产生美术馆设计要创造"世外桃源"的意境的理念。由此可见,陶渊明所作的《桃花源记》是贝先生所具有的横向知识(也可以理解为生活经验)。贝先生观察这一山林景色,引起了昔日读过《桃花源记》的联想,这一联想又与美术馆设计联系起来,于是确定了美术馆的设计理念。从这一实例我们不难体会:创作者过去没有《桃花源记》的知识(或生活经验),就不可能产生有关于"世外桃源"的联想;而没有《桃花源记》引发的联想,当然也就不可能有建造 Miho 美术馆"世外桃源"的设计理念(见图 2.23)。通过这个案例,我们可以比较真实地理解生活与联想的关系,生活与灵感的关系,以及生活与理念的关系。

(4)知识与经验

这里提及的知识主要是指横向知识,是相对于建筑学专业知识以外的其他知识,当然包含在生活实践中获得的认识和经验。俗话常说"横向知识是建筑创作构思的翅膀",这就形象地说明了横向知识对建筑创作的重要性,以及对建筑构思的必然性,但并未因此降低专业知识的重要作用。

1999 年建成的北京中华世纪坛,主入口及两侧各设雕塑一座,其主题是"中华正气龙"。龙的造型吸收了音乐的节奏和韵律,龙的气质体现出中华民族威而不狂、傲而不骄的神韵。

图 2.23 滋贺县 Miho 美术馆

中华正气龙是由雕塑家创作的,如果创作者没有一些音乐知识,就不能创作出该龙具有的音乐般流畅的节奏和韵律;如果没有相关中华民族气质的横向知识,就无法创造威而不狂、傲而不骄的神韵。从这一实例中,我们不难理解横向知识对建筑创作与构思的重要作用。

总的来说,建筑设计的立意是对建筑师设计意图总的概括,是构想的起始点以及建筑师在设计初始阶段的构想。建筑设计,尤其是方案设计阶段,设计的立意是一个不容忽视的重要问题,必须认真考虑。对于不是大量建造的、有其自己独特个性的别墅建筑,更应慎之又慎。

2)设计立意的层次

设计者对于设计立意的理解存在基本的和较高级的两个层次。"基本的"立意层次是满足具体的设计要求(包括使用功能上的、流线组织上的、环境条件上的等),这是设计立意中最基本也是初步的要求。这个层次上的立意是建筑设计初学者必经的一个阶段,如果一个设计的立意不能满足这个层面的基本要求,就不是一个合理的设计。而且,这也是建筑设计的立意向更高层次推进的基础。没有了基础,再高层次的立意也是无源之水、无本之木。而"较高级的"立意层次是指设计者的立意能在满足基本设计要求的基础上更进一步把握设计对象的深层意义和内涵,把设计推向更高境界,使设计不只停留在空间组合的创造上,而是创造一种具有精神享受和思想内涵的理想之地。建筑设计过程中,这两个层次的立意都发挥着重要作用。

(1)"基本的"建筑设计立意层次

一般地,"基本的"立意层次是指设计者的立意满足建筑物的基本功能要求,以及满足场地和环境的要求。我们从一些大师的作品中常常可以发现,一些优秀立意的着眼点正是基本的功能要求或是基地环境条件的限制。例如,著名建筑师贝聿铭设计的卢浮宫的扩建工程,因为老卢浮宫建筑是法国重要的历史遗产,其建筑环境不能被新建建筑物破坏,因此既要尊重人文环境又要满足扩建的要求,这是一个两难的选择。贝聿铭精心立意,巧妙构思,以玻璃金字塔作为地下扩建部分的主入口,避免其体量庞大,赢得了视线通透,让人钦佩不已。另一个相似的例子是法国里尔美术馆的改、扩建工程,也是在充分尊重历史建筑的同时,又彻底表现现代建筑的作品。在外部空间中,它利用倒影作中介,使影像与实物相互辉映,与扩建的部分合而为一,令游客在新建筑的内部可以同时看到被修复的老馆。再如美国华盛顿国家美术馆东馆的设计等,都是因为基地的环境条件有历史的、景观的、地形的种种限制,而设计者正是从这些限制条件出发,巧妙立意解决了问题,难怪有人认为基地限制条件越多、越特别、越有挑战性,也就越能体现设计者的设计水平。

(2)"较高级的"建筑设计立意层次

"较高级的"立意层次在许多众所周知的建筑物中都有所体现,它是以一种诗化的建筑语言,表达一种诗化的意境。记得某建筑设计竞赛的一位评委说过,最好的建筑首先是充满诗意的建筑,其次是技术和艺术能较好结合在一起的建筑,再次就是很一般意义上的建筑了。这种较高层次的立意使得建筑设计的立意从一开始就能够站在一定的高度之上,尽管设计过程可能比"基本的"立意层次的设计更复杂曲折一些,但是设计结果一定是近乎完美的、充满"诗意"的、令人既"悦目"又"赏心"的,能够像一首好诗那样带给人回味。

赵鑫珊先生写了一本《建筑是首哲理诗》,他认为"把建材排列组合成建筑空间的诗意,是建筑设计师的创造性劳作",而"建筑的最高本质是人,是人性,是人性的空间化和凝固"。他将诗意和建筑设计的立意并提,是合理的,因为二者有内在的相通之处,都是要表达一种内在的甚至是潜在的情感,引人共鸣,尤其是二者都是美的,都给人美的享受。美国建筑师彼得·布朗曾经在东南大学作过一个报告,题目就是"诗意的建筑",他同样是希望能够把建筑设计的立意推到诗意的层次上去。

丹麦建筑师伍重设计的悉尼歌剧院,在三面邻海的小块地段上,建筑物的外形由大平台上的 10 对巨型壳片组成,各种房间隐藏在它的内部。这些壳片奇异的造型给人以美的联想——盛开的花朵,洁白的贝壳,海上的白帆……蓝天碧海之间,这种美带给人的感受是诗情画意般的,确实令建筑设计的立意达到了诗意的层次。另一个实例是更为大家所熟知的朗香教堂,这是柯布西耶晚年的杰作,作品的形象无论是平面还是形体都完全超脱传统的构图,引人无限联想,隐喻某种超常的情绪和精神,不仅是"凝固的音乐",还是"凝固的时间"。非凡的想象力和创造力起步于非凡的立意,没有高层次的立意,就不会有这些为世人所惊叹的著名建筑了。

立意的层次划分是以初始阶段的起点为依据的,前者在一定条件下可以向后者演进,设计者应努力提高设计立意的层次,避免当前投标中流行的做法:找一套所谓的"理论",不管过时与否,不论合适与否,或无中生有,或牵强附会,或生搬硬套,使设计立意沦为附庸风雅或强词夺理的代名词。作为一个设计师,不能舍弃对较高层次的设计立意的追求,只有这样才有机会、才有可能设计出"诗意"的建筑,让这个伟大时代的人们诗意地生活,诗意地栖居。

2.2.2 建筑设计构思

什么是构思?广义地讲就是办事之前想一想,这件事该怎么办?要达到什么目的?采取怎样的步骤与方法?俗语说:"眉头一皱,计上心来","眉头一皱"就是思考,"计上心来"就是思考的结果。因此,构思就是有目的地考虑、思索。建筑创作构思就是在设计全过程中所进行的酝酿与思考,其构思重点(不是全部)常表现在设计方案阶段。建筑创作过程中的构思是极其复杂而紧张的过程,是高度集中的思维活动过程,是集建筑设计多因素、多矛盾、诸要求于一体的综合思考、分析、认识、筛选,并探索诸因素、诸矛盾的最佳结合点的过程。

立意和构思关系密切,简单地说,互为目的与手段(立意是构思追求的目标,构思是实现立意的手段),是光与影的关系,是不能相互脱节和各自独立的,讲述时要注意理顺关系。

1)基本构思方法

一般可以从以下几个方面来进行:

①从环境入手:使别墅面向好景观、好朝向,并为景区增色。

②从功能入手:共用空间、私密空间与服务空间的布局方式。

③从意境入手:营造江南园林意境、山林隐居、哲理意境,用光制造氛围等。

④从形象入手:如悉尼歌剧院。

⑤从人的行为入手:设定使用者,按其职业特点、所需空间环境及爱好来构思。

⑥从文脉入手:从地方传统、风格、历史形成构思。

⑦从结构入手:如卡拉特拉瓦的建筑作品。

⑧模仿某种风格:白派、草原别墅等。

2)设计构思的两个层面

(1)设计构思的理性层面

大部分科学领域的研究都是通过理性的思维过程来寻求问题答案的,运用的方法主要有演绎推理法和归纳推理法。所谓演绎推理,就是从对问题的结论所作的假设出发,经过论证而证明假设的正确性;而归纳推理法则正相反,它是从已知条件出发,在全面综合处理已知条件的基础上,按照逻辑的过程推知结论。建筑设计作为科学研究的一个分支,其研究方法也遵循这两种程序。前面所论述的别墅设计分析方法,正是按照逻辑推理的步骤,对已知条件进行分析、整理和剖析的理性过程,希望通过这个过程推知设计结果。

然而建筑设计并不像做数学题,在对已知条件分析之后可以得到唯一的结论。建筑的艺术属性使建筑设计有时更像写作文,面对相同题目和相同素材,却会形成各种不同的表达形式,同时评定其优劣的标准也很难有唯一的标准。无论如何,在别墅设计中对各种条件进行充分而深入的分析,是按照理性方式以分析结果作为别墅设计的起点的。

(2)设计构思的非理性层面

建筑不仅是一门工程学科,同时也具备艺术学科的某些特征,而建筑设计更具有艺术创作的特点,其设计过程在理性推理中也包含着非理性的成分。通常,理性的推理会结合非理性的方法,二者相辅相成,共同作用于建筑设计的构思过程中。在设计过程中,设计灵感的闪现,以及对艺术思潮的追逐,甚至对自然形态的模拟,都可能成为建筑设计的构思起点。

- **灵感**

因建筑设计富有其特有的艺术内涵,所以灵感的闪现也成为设计构思的一种手段,有时甚至会因灵感的突发,赋予建筑设计以神来之笔。如同伍重灵感闪现设计的悉尼歌剧院的风帆造型,虽然造成了使用功能上的诸多矛盾,但毕竟其艺术性压倒了其余的设计属性而使之成为成功的设计作品。在别墅的设计中,灵感的激发可能源于多方面的因素,如类似形态的模拟(拟物、拟态等)。以巴特·普林斯的作品为例,他的灵感往往来自大自然的有机形态和材料,并由此在他的作品中表现出了生物般的形态。灵感有时也来自对文化、历史事物的联想,比如斯蒂文·霍尔的温雅住宅中模仿印第安人"鲸骨"窝棚的造型等。灵感往往需要设计者丰富的知识积累、纯熟的设计手法及其恰当的表达。

- **建筑思潮与流派**

不同的风格流派,其建筑设计的程序、方法以及结果有所不同。在近些年建筑发展中,涌现出来的有现代主义、晚期现代主义、后现代主义、新古典主义以及新理性主义、构成主义和解构主义等,即使别墅的设计条件相似,根据各自流派的理论和手法而达成的设计结果也会截然不同,甚至根本对立。例如,解构主义建筑师艾森曼的设计过程是按照他自行制订的形式句法而展开的,梁、板、柱体系是他表达建筑思想的形式语汇,在他的作品中无处不表现出冲突和矛盾。与艾森曼相对比,晚期现代派大师理查德·迈耶,其设计手法也是以梁、板、柱为设计语言来表达复杂的空间,而他传承了现代主义均衡、和谐的构图,并使之更加丰富而富有表现力，其空间复杂而不冲突、丰富而不杂乱。虽然两个建筑师的作品外显形式比较类似，都是表现为平顶、纯净的色彩、穿插多变的框架、虚与实的强烈对比，但当我们细腻体验其空间结果时，却很容易体会到他们在深层含义上的彼此对立。

不同的构思产生不同的方案，不同的设计方案产生不同的效果与质量，可见，构思是建筑创作的关键。不同的建筑师为什么会产生不同的构思呢？这是一个多种因素影响与制约的复杂问题，有内因，也有外因。不同的构思源于不同设计师的哲学观、人生观、建筑观和建筑专业知识、横向知识与表达功力。

3）构思力求新颖

建筑设计立意一旦确定，关键就在于构思了。构思并非一般性的思考，而是围绕着立意积极地、科学地发挥想象力的过程。构思是建筑师运用建筑语言表达立意的手段，构思如果偏离创作立意，会使设计缺乏表现力和影响力。同一个立意可以有多种构思方式，并有优劣之分，好的建筑创作构思应该具有独特性、巧妙性和整体性等特征，切忌一般化。创作贵在创新，构思首先要力求新颖，不与别人的设计雷同，甚至不重复自己过去的做法，要别出心裁。

好的立意与构思是建筑师对创作对象的环境、功能、形象、技术和经济等方面最深入的追求和综合提炼的结果，而不是凭空的单纯形式的标新立异，更不是对优秀设计形式的简单抄袭。随着社会的进步和时代的发展，建筑师不仅为满足人类物质生活和精神生活的需要而建造各类建筑，更要努力扩大并创造人类美好的综合环境。著名建筑师伊罗·沙里宁曾说过："建筑不只是为了满足人们生活需要的房子，它要使人们认识到生存在地球上的高贵。我们的建筑实在太贫乏了，它应该比今天看到的更漂亮、更丰富、规模更大。我愿意尽我所能，去发展丰富多彩的建筑。"他对自己的作品一向精益求精，几乎将每个设计都当作竞赛一样不断思考和打磨，我们应学习他这种为创造人类美好环境的社会责任感。

4）建筑设计构思的表达技巧

在独特性建筑设计中，立意构思是创作的关键，但不是创造优秀设计的全部。好的立意、好的构思，还得有好的手法和技巧来实现。构思是思维活动，而其表达方式就是将构思转化为建筑形象。伍重在悉尼歌剧院设计中的立意和构思均属上乘，但在手法方面如何使形式与结构统一尚欠妥善，以致付出了极大的代价，使工程造价翻了几番，最后还丧失了工程主持人的位置。由此可见，构思与表达是里与表的关系，是一个整体不可分割的两部分。

有了立意后，该如何去实现它呢？其方法就是建筑设计者应通过深入地研究传统文化，学习传统建筑文化，去消化吸收、分析提炼，并展开积极的想象，围绕立意进行构思，将其中的精神特质运用到建筑设计中。同时，建筑师要做到合乎时代发展的要求，用合适的手法去继承传统的东西，找到适宜的建筑设计构思手法，不断改进自己的建筑设计水平。

2.2.3 造型设计

建筑造型的广义概念涉及设计整个过程及各个方面，包括功能、经济、技术、美学等。而狭义概念是指构成建筑外部形态的美学形式，是被人直观感知的建筑空间的物化形式。建筑造型语言与口述语言一样，都具有语言本身的构成（词汇和句法规则）和表达情感含义的特征。

设计前期完成了资料分析、设计调研、概念定位之后，得出的结果可为设计者带来更为清晰的设计创意方向，这时就可借助设计草模和设计草图的手段，进入具体的建筑设计阶段。

在别墅设计课程中，强调对建筑造型进行推敲，通过对造型语言的拓展与锤炼，不断地发掘建筑造型语言本身的语意潜力。同时，根据形式美的法则对空间形态、色彩、结构、材料等设计元素进行挑选、变换、组合，来塑造别墅建筑造型。

1) 形态设计

我们生活在一个有形的世界里，形形色色的物体主要依靠它们外在的形态，通过我们的视觉或触觉传递其相关的信息，如大小、长短、动静、色泽等。在这些不同形态中，我们总可以发现某些形态具有一些共同的特征，基于这些共同的特征可以将形态进行分类。一般来说，可分为具象形态和抽象形态。前者泛指自然界中实际存在的各种形态，是人们可以直接知觉的，是看得见摸得着的，如自然山水、动植物、器物等；后者是不能直接知觉的，只存在于人的观念之中，依靠思维才能被感知，常常以形象化的几何图形(如圆、方、三角)等来表示。

具象形态按照其形成的原因，又可以分为自然形态和人工形态两类。自然形态的形成与人的意志和要求无关，"为大地所造就"，其种类繁多、异彩纷呈，又分为具有生命力的有机形态和无生命力的无机形态。有机形态在建筑设计上的运用表现为具有雕塑感和可塑性的建筑，又称为"有机建筑"。赖特提出了有机主义建筑理论，指出有机建筑根植于对生活和自然形态的感情之中，从自然界和其多种样的生物形式与过程的生命力中汲取营养。人工形态是人利用某类材料和加工技术制成的物品形态，如建筑、家具、交通工具等。人类在创造人工形态时，一方面是从自然形态中得到启示，另一方面又从经济、功能、美观等多角度考虑，体现了人的思想意识。例如，大一山庄 36 号别墅(见图 2.24)的设计借鉴了中国园林的空间形态，由中国假山石获得灵感，提取出立体园林的概念，其别墅空间丰富多变，错落有致。

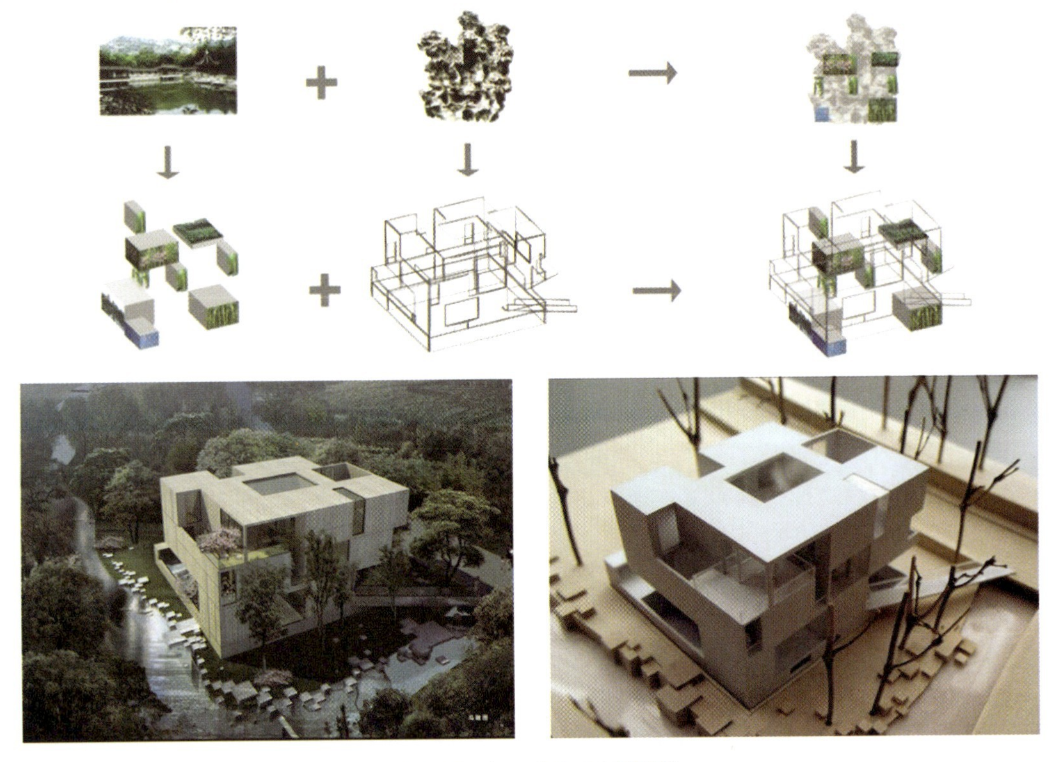

图 2.24　大一山庄 36 号别墅

2)色彩表达

色彩是在光照作用下显示出的一种物理属性,是最具表现空间张力的视觉语言,也是人们感知设计对象的重要条件,往往比形态更具直观性和生动性。色彩不仅是建筑空间表层制造的延续和补充,也是调节和营造空间节奏及心理感受的重要元素,界面的色彩影响着总体的空间感受。色彩在建筑设计中的表达,代表了一种选择、一种趋势、一种走向,是社会发展的象征事物,是时代特征的典型反映,更可以成为设计者独特的设计语言。

当然,有光才有色,色彩的传达离不开光线。在黑暗中,人们看不到周围物体的形状和色彩,就是因为没有光线。太阳光线照亮了建筑的形体和内部空间,由此产生的光影变化也使空间气氛活跃,明确地表达了空间的精神意境。因此,光线是塑造空间的必要因素(见图 2.25)。

图 2.25　光与建筑

建筑造型设计的色彩虽然以色彩学的光学原理为基础,但不同于绘画的光色理论,而更强调的是色彩配置的心理学意义。色彩本身的色相、明度和纯度决定了色彩特性,如红色的火热、粉红的温馨、浅黄的柔和、白色的纯净、蓝色的寂静等。不同的色彩由于自身多变的物质属性而具有不同的性格特征,可用来表达不同含义。建筑空间的色彩表达除本身必须和谐统一外,还必须和建筑空间的性格相一致。同时,色彩必然要在一定程度上受到建筑材料、地域文化等条件的限制和影响。不同地域由于不同的自然环境、历史习俗而形成了各自关于色彩系统的一些固有观念,体现各个民族各自不同的色彩审美倾向。例如,在中国,黄色是一种帝王的颜色,红色是一种喜庆的颜色,白色是一种丧葬的颜色。而这些色彩语言放到西方又是另一番释义,黄色是凶暴的表现,白色是纯洁的象征,红色则是激情的代言词。

在设计中,不同的风格流派也有不同的空间设计色彩,比如在后现代主义的一些设计作品中,房间漆成土黄、粉红、青绿等比较鲜艳、独特的颜色,以表达其设计思想。在建筑设计中,往往要有针对性地选择色彩配置来表达建筑特征,因此,一定对比条件下的色彩视觉经验对具体设计有着一定的参考作用。

①色彩的冷暖感:红、橙、黄等暖色调代表太阳、火焰、热情;青、蓝、紫等冷色调代表大海、晴空;绿、紫色等中性色代表不冷不热;无色系中黑色代表冷,白色代表暖。

②色彩的进退感:色彩冷暖具有一定的进退感,对比强、高明度、高纯度、暖色调使人感到靠近和向前,反之则使人感觉退远和向后。例如,浅色的房间比深色的房间显得大些,地面的颜色比屋顶的颜色深会显得房间更高等。

③色彩的轻重感:色彩的轻重感对建筑造型设计也具有重要的意义,一般人心里都有默

认的稳定原则，即上轻下重。因此，色彩明度、纯度越高，就会使人感觉越轻。

④色彩的积极与消极：色彩划分为积极的（或主动的）色彩（如黄、橙黄、红等）和消极的或被动的色彩（如青蓝、红蓝、紫等）。积极的色彩能够使人产生一种积极的、有生命力的和努力进取的情绪，而消极的色彩则适合表现那种不安的、柔和的和向往的情绪。

⑤色彩的兴奋与沉静：红、橙、黄等暖色调以及高明度、高纯度、对比强的色彩，使人感觉兴奋；青、蓝、紫等冷色调以及低明度、低纯度、对比弱的色彩，使人感觉沉静。

⑥色彩的大小感：暖色调及高明度、高纯度的色彩使空间看起来有扩大之感，反之则有缩小之感。

墨西哥建筑大师路易斯·巴拉干对各种浓烈鲜艳的色彩运用成为其在建筑设计中鲜明的个人特色，后来还成为墨西哥建筑的重要设计元素。巴拉干曾深深地被摩洛哥那种独特的地中海式气候下浓烈的色彩风格所打动，他发现这里的气候与风景是那么地和谐。在回到墨西哥之后他便开始关注墨西哥建筑中绚烂的色彩，并将其运用到了自己的众多作品当中（见图 2.26）。

图 2.26　巴拉干作品

3）材料选择

材料，永远是建筑设计中一个重要的话题，它是建筑造型语言的一个重要表现性要素，是建筑特征传达中的重要一环。在建筑造型设计中，不同材料有着不同的物质特性与表现力。因此，建筑师应该主动去认识材料，了解材料。每一种材料都有自己的个性，作为建筑师的我们不应该被新旧材料的界定局限住，应该充分地寻找材料与建筑设计的契合点，这样才能创作出经济、美观而又有创新意识的设计。

组成面的材料可能有玻璃、织物、木材、混凝土、石膏板、铝合金板等，不同的材料所塑造的空间结果是不同的。以木材和混凝土为例，木材容易给人质朴、亲切的感受，而混凝土则比较冷峻、严谨。在安藤忠雄的作品中，以光洁的混凝土墙面和墙面上精确的模板孔、精致划分的墙面分割并塑造空间，表现出沉静内敛的日本气质。

即便是同一种材料，其个别属性不同，对空间表现力的影响也是不同的。以玻璃为例，细分为毛玻璃、透明玻璃、彩色玻璃，以及大块玻璃和小块玻璃，其对使用者空间感的影响都会有所不同。因此在塑造空间时，设计者需要对材料准确把握，并对各个面的材料选择应精心考虑。

建筑师伦佐·皮亚诺设计的芝贝欧文化中心就是一个典型的例子，皮亚诺受到传统的启迪，借助于现代的技术，很好地诠释了卡纳克的美拉尼西亚文化。建筑外形似张开的船帆，海中的倒影在波浪中又似翩翩起舞,对海的景观有很好的映衬。

在设计之初,皮亚诺从当地的文化和建筑物的性质入手,经过长时间学习,他找到了灵感——当地有棱纹的棚屋结构中的薄曲线木材,它们在屋顶端集合在一起并且支撑棚屋结构。在皮亚诺的设计中重新诠释了这一建筑形式,不锈钢的水平管子和有斜纹对角线的木杆在结构上被精细地结合起来。这种结构体系不仅是由于形式的需要,还综合考虑了抵抗飓风和地震的需要。

皮亚诺所吸取的最主要的民间技术就是肋架的构成方式:在当地建造语汇中,棚屋结构的主要肋架是由棕榈树苗所承担并被编织牢固的。皮亚诺在更大规模上转引了这些技术:棕榈树苗被胶合层板与镀锌钢材所置换,形成更为坚固并呈微弧形的桶状肋骨;横向联系构件可能源自对棕榈树扇状分布的叶脉的启示,它们以水平方式牢牢地锚固在肋骨之间,以取代民间的编织或绑结的技术;为了增强建筑的抗风抗震力,沿对角线方向还设有不锈钢杆件。在努美阿文化中,皮亚诺复苏了当地乡村"村落"的簇拥空间的原型。一条与半岛地形相对应的微弧的线性道路如移动的杼梭编织着一侧高低大小全不相同的方形公共空间,这些直线形周边与弧形道路交织在一起,其间错落有致,有院落出现,继而庭院也随着植物、阳光的渗入而产生。建筑使在都市中丧失的家院、家园逐一得到复苏。在道路的另一侧,一群被称为"棚屋"的圆形盒体簇拥并朝向道路开放。它们各自独立,却以微差的聚散间距被建筑师划分为3、3、4的三组"村落",分别容纳着画廊展馆、图书馆、多媒体中心、青年中心、学校资源等空间(见图2.27)。

图2.27　芝贝欧文化中心

就材料的物理特征而言,主要是指材料表面的色泽、质地、纹理三要素。材料的质地可称为"肌",纹理的起伏编排可称为"理"。由此可见,材料的肌理与材料质感和材料运用都有关系。材料的色泽与肌理一方面衬托建筑的性格,另一方面也要与环境相呼应。建筑的材料选配和质感组合是建筑整体面貌的一个重要审美因素。一个造型与体量完全相同的建筑,如果选用不同的材料、不同质感组合、不同的色彩,就会产生面貌迥异的建筑形象。下面主要研究材料的色彩和肌理在建筑设计中的应用。

①色泽:一方面,自然界中物体本身具有各种各样的固有颜色;另一方面,物质表面物理

性也会影响到色泽,如密度高的亮一些、密度低的暗一些。在建筑设计中,选用材质物体的固有颜色是一个很重要的原因,是形成色彩组合的重要基础,但同时也要考虑色彩搭配——色相的对比、冷暖的对比、补色的对比、邻近色的对比、色域面积大小的对比。

②质地:是指材料本身表现出来的不同表面的粗糙或细腻、软或硬等特征,如钢的坚硬、玻璃的光滑、织物的柔软。质地反映到人的体验上有触觉和视觉(非触及部分)之分。对可触及部分,要充分考虑人体的舒适度;对于非触及部分,可不用考虑人的舒适度,但其造成的视觉的张力、表情是很重要的。

围合空间的材料质感对空间的限定感有较大的影响,通常质感坚硬、粗糙、不透明、色泽暗的材料,比质感柔软、光滑、透明、明亮的材料空间限定感强。比如,以任何硬质材料搭建的围墙都比以织物做成的布帘给人更强的限定感。另外在创造空间气氛方面,材料的质感也是设计的重点。在粗野主义盛行时,其设计手法之一就是把混凝土墙浇出犹如宽条绒般的纹路,并特意留下模板的钉孔或木头疤痕,以表达其塑造空间所需的特有的肌理和质感。在别墅中,厚重的毛石、未经加工的原木、拉毛的混凝土墙等可以塑造粗犷、质朴的乡野气氛。

③纹理:是材料表皮形成各种走势的纹样。自然界的表皮各式各样,有点状的、线状的、条状的、块状的,有规则状的、不规则状的。

建筑师姚仁喜设计的宜兰兰阳博物馆,单面山的建筑形式及大量使用透光的玻璃可以让阳光充分照进室内,形成美丽的光影。除了特殊的建筑形体外,他特意制造了石材特殊的纹路和颜色,将深灰色调“印度黑”“加利多利亚”“火山绿”及“南非浅黑”4 种石材,搭配平光、复古和水冲 3 种表面质感,共组合成 12 种材质的质感,让整体建筑物的色调更加活泼又不单调,给人以惊艳的感受(见图 2.28)。

图 2.28　宜兰兰阳博物馆

2.2.4　美学法则

从某个角度来理解,建筑空间是一种人造的空间环境,需要同时满足人们的功能使用和精神感受上的要求。一个建筑给人们以美或不美的感受,在人们心理上、情绪上产生某种反应,都存在着某种规律,建筑形式美法则就表述了这种规律。建筑物是由各种构成要素(如墙、门、窗、台基、屋顶等)组成的。这些构成要素具有一定的形状、大小、色彩和质感,而形状(及其大小)又可抽象为点、线、面、体(及其度量),建筑形式美法则就表述了这些点、线、面、体以及色彩和质感的普遍组合规律。因此,建筑造型设计必须符合基本的美学法则,体现视觉美学。美学法则是人们从长期建筑实践中总结出的能使建筑产生良好视觉形象且带有规律性的规则。总的来讲,设计中应注意以下方面:

1) 比例与尺度

比例与尺度是在建筑造型设计上应用最广、使用最多的概念,都是与数相关的规律。所谓建筑形体处理中的“比例”,是严格的数学概念,一般包含两个方面的意思:一是建筑物整体或它的某个细部本身的长、宽、高之间的大小关系;二是建筑物整体与局部或局部与局部之间的大小关系,比如墙面分割比例。比例反映在物体的整体与局部或各细部之间的诸如空实、大小、长短、宽窄、高低、粗细、厚薄、深浅、多少等保持着某种数的制约关系。这种制约关系中的任何一处如果超出了和谐所允许的限度,就会导致整体上的不协调(见图2.29)。

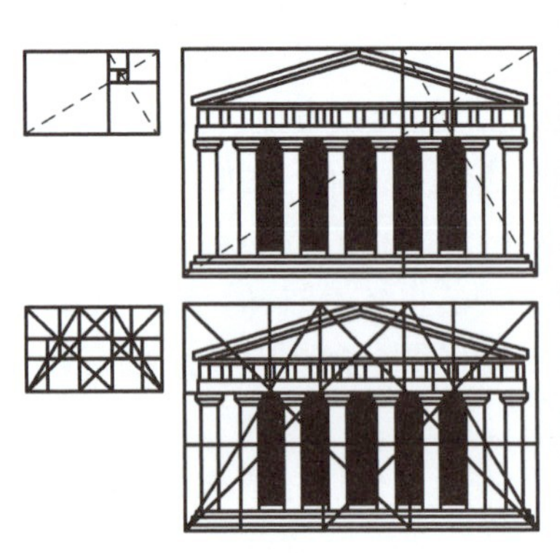

图2.29 帕特农神庙

建筑物的“尺度”,则是建筑整体和某些细部与人或人们所习见的某些建筑细部之间的关系,是事物之间的相对尺寸。建筑尺度主要是建筑物的整体或局部给人感觉上的大小印象和其真实大小之间的关系问题。利用熟悉的建筑构件(踏步、栏杆、扶手、坐凳、台阶等)去和建筑物整体布局作比较将有助于获得正确的尺度感。大而不见其大——实际很大,但给人印象并不如真实的大;或是小而不见其小——本身不大,却显得大,这都是尺度失衡的反映。

人是建筑真正的测量标准,人体的尺寸与人的活动是决定建筑空间大小的主要因素,建筑的尺度最终要根据人体活动空间的变化而变化。因此,以人体尺寸作为比较尺寸,也就是“人体尺度”。建筑所形成的空间为人所用,建筑内的设施家具亦为人所用,因而人体尺寸、家具尺寸、人体各类行为活动以及心理所需的空间尺寸是决定建筑开间、进深、层高、设施大小的最基本尺度。建筑空间整体与细部和人体之间在度量上的制约关系,有着自然尺度、夸张尺度、亲切尺度等相对关系(见图2.30)。

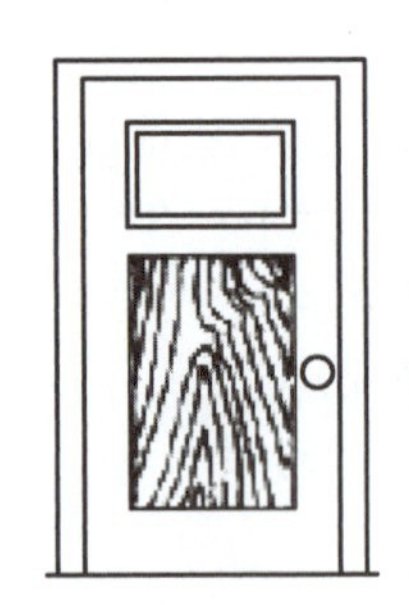

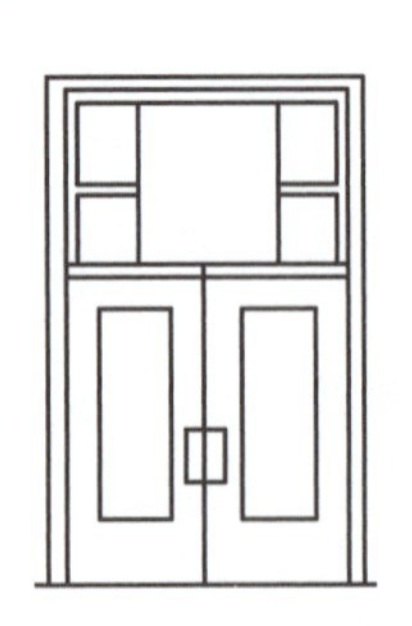

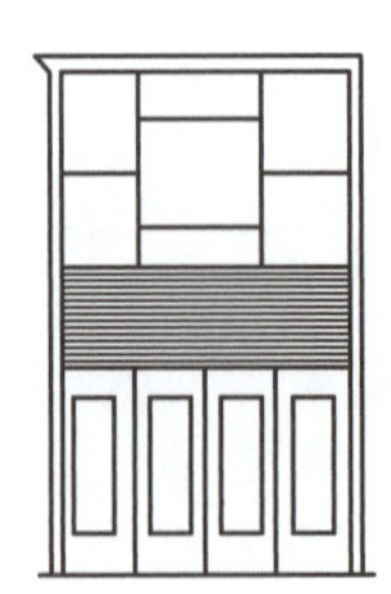

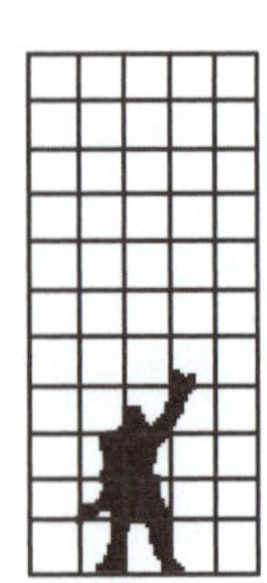

图2.30 不同尺度的门

不论建筑空间呈现何种形状,均存在长、宽、高的度量,这是空间的绝对尺度,这种关系相互作用又体现出空间的整体与细部之间的相对尺度。空间的绝对尺度与相对尺度直接影响着人对空间的感受。

①窄而高的空间,由于竖向的方向性比较强烈,会使人产生向上的感觉,激发出兴奋、自豪、崇高和激昂的情绪。许多古典教堂就很好地运用这类空间的特性。

②细而长的空间,由于纵向的方向性比较强烈,可以营造深远之感。这种空间诱导人们怀着一种期待和寻求的情绪,具有引人入胜的特征。空间深度越大,这种期待和寻求的情绪就越强烈。

③低而大的空间,可以使人产生广垠、开阔、博大的感觉。但如果这种空间的高度与面积比过小,也会使人感到压抑和沉闷。

2)对比与统一

对比是要素之间显著的差异性和多样性,而统一则是构成建筑造型的各部分之间的内在联系和完整性。对比与统一是建筑构图中最基本的问题,建筑造型的对比与统一通常表现在同一性质的差异之间,如高低、形状、方向、敞闭、大小、长短、高低、粗细、方圆、虚实、动静、色彩、肌理、光影明暗等方面。对比与统一是相对存在的,建筑造型艺术表现上要遵循变化与统一的规律。没有对比会使人感到单调,过分地强调对比以致失去了相互之间的协调一致性则可能造成混乱。面对多种不同空间的组合时,可采用寻找各个空间造型上的内在联系进行强化,以求得变化中的统一。

3)均衡与稳定

处于地球重力场内的一切物体,只有在重心最低和左右均衡的时候才有稳定的感觉,如下大上小的山、左右对称的人等。人眼习惯于均衡的组合,均衡而稳定的建筑不仅实际上是安全的,而且在感觉上也是舒服的。但实际上的均衡与稳定和审美上的均衡与稳定是两种不同性质的概念。前者属于科学研究的范畴,与力学原理相联系;后者属于美学研究的范畴。建筑学中讲的是后者,即审美上的均衡与稳定,是受前者的影响在人的思维概念上形成的心理安全意识形态,它表现在建筑造型的左右、前后、上下间保持平衡的美学特征。

对称均衡,即对称本身就是均衡的。由于中轴线两侧必须保持严格的制约关系,所以凡是对称的形式都能够获得统一性。中外建筑史上无数优秀的实例都是因为采用了对称的组合形式而获得完整统一的。不对称均衡是由于构图受到严格的制约,采用对称形式往往不能适应现代建筑复杂的功能要求,所以现代建筑师常采用不对称均衡构图。这种形式构图因为没有严格的约束,所以适应性强,显得生动活泼,在中国古典园林中应用已很普遍(见图2.31)。

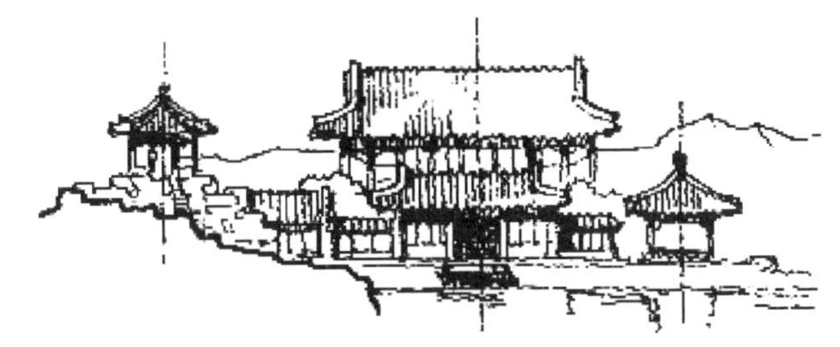

图2.31　泰姬陵与承德避暑山庄烟雨楼

对称均衡和不对称均衡形式通常是在静止条件下保持均衡的，故称静态均衡。而旋转的陀螺、展翅的飞鸟、奔跑的走兽所保持的均衡，则属于动态均衡。现代建筑理论强调时间和空间两种因素的相互作用和对人的感觉所产生的巨大影响，促使建筑师去探索新的均衡形式——动态均衡。例如，把建筑设计成飞鸟的外形、螺旋体形，或采用具有运动感的曲线等，将动态均衡形式引进建筑构图领域（见图 2.32）。

图 2.32　肯尼迪机场

稳定就是物体的重心位于物体支撑面以内，形象上的稳定让人感到不会倾倒，有安全感。体量、图形、色彩、质感等因素都会对形象的稳定产生影响。如果说均衡着重处理建筑构图中各要素左右或前后之间的轻重关系的话，那么稳定则着重考虑建筑整体上下之间的轻重关系。西方古典建筑几乎总是把下大上小、下重上轻、下实上虚奉为求得稳定的金科玉律（见图 2.33）。随着工程技术的进步，现代建筑师则不受这些约束，创造出了许多同上述原则相对立的新的建筑形式（见图 2.34）。

图 2.33　金字塔

图 2.34　波士顿市政大厅

4）主从与重点

自然界趋向于差异的对立，例如植物的干和枝、花和叶，动物的躯干和四肢等，都呈现出一种主和从的差异。这就启示人们：在一个有机统一的整体中，各个组成部分是不能不加以区别的，它们存在着主和从、重点和一般、核心和外围的差异。建筑构图为了达到统一，无论从平面组合到立面处理，还是从内部空间到外部体形、从细部处理到群体组合，都必须处理好主和从、重点和一般的关系。建筑空间是由若干要素组成的整体形态，每一要素在整体中所占的比重和所处的地位将会影响到整体的统一性。倘使所有要素都竞相突出自己或者都处于同等重要的地位，不分主次，就会削弱整体的完整统一性。现代强调形式必须服从功能的要求，反对盲目追求对称，力求突出重点、区分主从，以求得整体的统一。

在主从与重点这对美学法则中，我们要认识视觉重心的概念。由于人具备视觉焦点透视的生理特点，任何形体的重心位置都和视觉的安定有紧密的关系，因此，为了达到突出环境的特征，把握好主从关系是很重要的手段。建筑空间的位置、朝向、交通、景观等对于功能要求不同而产生主从与重点之分，为了加强整体统一性，各组成部分应该有主从区别。国外一些建筑师常用的“趣味中心”一词，就是指整体中最富有吸引力的部分，如美国亚特兰大桃树中心广场旅馆的中庭就是“趣味中心”（见图 2.35）。一个整体中如果没有比较引人注目的焦点（重点或核心），会使人感到平淡、松散，从而失掉统一性。

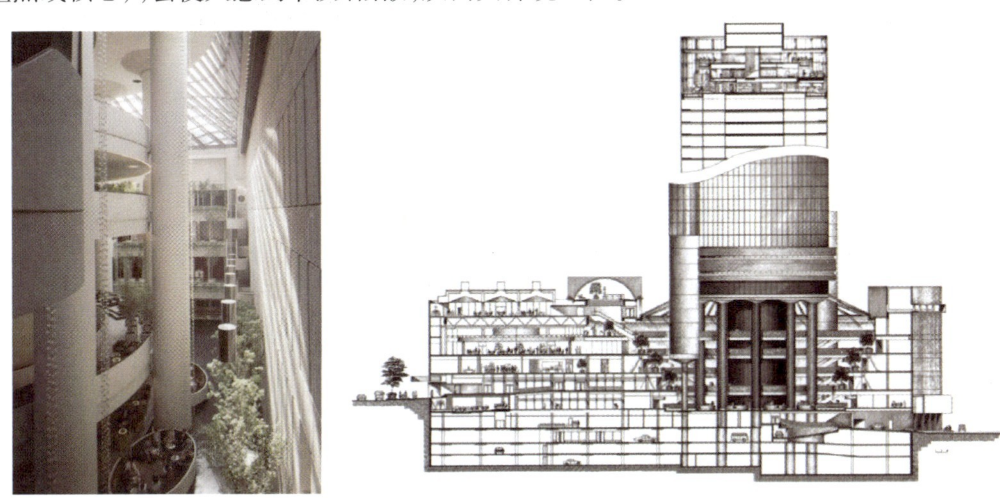

图 2.35　美国亚特兰大桃树中心广场旅馆中庭

5）韵律与节奏

自然界中的许多事物或现象，往往由于有秩序地变化或有规律地重复出现而激起人们的美感，这种美通常称为韵律美。例如，投石入水，激起一圈圈的波纹，就是一种富有韵律的现象；蜘蛛结的网，某些动物（包括昆虫）身上的斑纹，树叶的脉络，也是富有韵律的图案。有意识地模仿自然现象，可以创造出富有韵律变化和节奏感的图案。韵律美在建筑构图中的应用极为普遍，古今中外的建筑，不论是单体建筑还是群体建筑，乃至细部装饰，几乎处处都能发现应用韵律美造成节奏感的例子。

而空间构成要素作长短、强弱的周期性变化，就产生了节奏。韵律是构成要素在节奏的基础上更深层次的有规律的变化统一造成的视觉美感。节奏是韵律形式的纯化，韵律是节奏形式的深化。

表现在建筑中的韵律可分为下述 4 种：

①连续韵律：以一种或几种组合要素连续安排，各要素之间保持恒定的距离，可以连续地延长等，是这种韵律的主要特征。例如，建筑装饰中的带形图案，墙面的开窗处理，均可运用这种韵律获得连续性和节奏感。

②渐变韵律：重复出现的组合要素在某一方面有规律地逐渐变化，如加长或缩短、变宽或变窄、变密或变疏、变浓或变淡等，便形成渐变的韵律。例如，古代密檐式砖塔由下而上逐渐收分，许多构件往往具有渐变韵律的特点。

③起伏韵律:按照一定的规律使之变化如波浪之起伏,这种韵律较活泼而富有运动感。

④交错韵律:两种以上的组合要素互相交织穿插,一隐一显,便形成交错韵律。简单的交错韵律由两种组合要素做纵横两向的交织、穿插构成;复杂的交错韵律则由三个或更多要素做多向交织、穿插构成。现代空间网架结构的构件往往具有复杂的交错韵律(见图 2.36)。

图 2.36　4 种韵律

2.2.5　风格与流派

风格是一个宽泛的概念,它泛指一个时代、一个民族、一个地域或一个人的作品所表现出的思想倾向和艺术特征。对于别墅建筑,由于其体量较小,可以比较自由地进行设计和建造,容易在建筑造型风格上得以充分展现。一个好的建筑造型设计,往往建立在对构成手法、造型原理和形式法则的融会贯通的前提下,以及对现有风格、流派、特征的多年积累和思考的基础上。以下罗列几种建筑风格与流派,为学生们在建筑造型设计时提供一些参考思路。

1)本土现代主义

现代主义起源于第一次世界大战后,在 20 世纪 30 年代开始盛行。现代主义强调功能与形式的统一,主张“形式追随功能”,在设计风格上反对过多的装饰,并主张抛开历史上已有的风格和式样,充分使用现代的材料和技术创造符合现代特征的作品。现代主义建筑多采用简单的几何形体为构图元素,以不对称布局,自由灵活,设计中追求非对称的、动态的空间。早期的现代主义作品多具有白色、平屋顶、带形窗等特征。现代主义美学观建立于机械美学基础上,并符合古典的建筑形式美的原则。随着社会的发展,人们对现代主义的反思不断出现,批评现代主义割裂历史,忽视传统的继承,建筑空间形式单调。但是无论如何,现代主义的核心仍是建筑设计的重要思想,于是许多尝试赋予现代主义以新的内涵的实践层出不穷,其中本土现代主义是比较重要的一支。本土现代主义继承了现代主义重视功能与技术的传统,同时重视建筑形体的变化,重视本土材料的现代运用,重视地域文化的精神实质,以独特的方式表达对传统的继承。

美国建筑师理查德·迈耶、日本建筑师安藤忠雄等,都是本土现代主义的代表人物。迈耶的别墅作品多以白色为主,平屋顶,没有古典的装饰,建筑以分格的混凝土墙、玻璃、钢栏杆为主要材料,作品体形丰富,简洁明快,体块间彼此咬合穿插,装饰性的架子增加了体形的张力,并赋予建筑空灵感。开窗不拘泥于楼层的分割,自由灵活的开窗与实墙面形成丰富的虚实对比。室内空间也自由生动,具有强烈的流动感。安藤的作品是以简单的体形、有限的几种材料塑造复杂的空间,使建筑具有强烈的雕塑性和地方性,并尝试运用现代的设计手法,抽象地表现传统的地方风格和文化精髓。安藤忠雄继承了现代建筑的精髓,以混凝土与玻璃为材料,使建筑外观简洁而质朴,但空间丰富而生动。他常使用最基本的几何图形——正方形和圆形作为构图的基本元素,把光作为空间塑造的有效手段,以精炼的手法创造出丰富生动的空间,建筑风格纯净内敛,具有极强的日本味(见图 2.37)。

图 2.37　本土现代主义风格

2)新古典风格

西方的古典风格别墅多以希腊、罗马建筑造型与设计细部为基础,以严格的古典构图原理指导设计,建筑形态符合建筑形式美的原则,具有和谐的比例和尺度,形态均衡。反映在造型细部上,多是引用一些古典的造型符号,例如坡顶、老虎窗、山花、柱子与柱饰、屋角石等。而新古典风格运用传统建筑符号和设计语言,使古典的设计元素和构图与现代建筑相结合。新古典主义在新材料与古典形式的结合中严格遵循古典的构图原则和形式法则,在把新材料(如玻璃、金属、混凝土等)运用于古典形式的造型中时,顺应并尊重传统形式的比例尺度和造型特征(见图 2.38)。

图 2.38　新古典风格

3）新乡土风格

新乡土风格是对现代建筑的城市化理想的抵抗性反映。城市的快速发展侵蚀了建筑的地域性特征，使人们的居住环境退化为单纯的商品，导致人们厌弃大城市生活，向往前工业时期的生活模式，追求更舒适、更经济的工作与生活环境。乡土风格建筑的特色是建立在地区的地形、地貌、气候、技术、文化等客观环境及与此相关联的象征意义的基础上，反映出居民参与的环境综合的创造。因地制宜、就地取材，体现乡土情趣的建筑风格，是获得地方建筑特色的有效途径，而新乡土风格建筑就是从民间传统建筑中汲取设计灵感。新乡土风格的别墅设计，不只是与地域的自然环境、建筑环境的形式层面的结合，而要更注重与地域文化传统的特殊性及技术和艺术上的地方智慧（如生存经验、生活方式）的内在结合，回到建筑本体问题的思考。

西萨·佩里设计的西部住宅以木材与石材为材料，高大的木柱、高耸的页岩烟囱形成的竖直线条与坡屋顶和木板的水平线条相对比，建筑以自然的材质、温暖的色调表现出粗犷和野趣，建筑比例和谐、构图古典。别墅的室内与室外风格一致，室内为展现木材与毛石的天然美感而不再重新装修。作为赖特的学生，费依·琼斯的作品中也传承了赖特的设计精髓。他设计的达文波特住宅如同一个木构的雕塑掩映在葱郁的密林中，一对高耸的中心木塔吊挂与屋顶相交的椽子，双塔之间外露的椽子布置成剪刀状，并形成大天窗。在平面和体形处理中，运用三角形为母题，从柱、梁到小尺度的构件和家具，均以三角形为基本构成形态，造型丰富，用材质朴（见图2.39）。

图2.39 新乡土风格

4）高技术风格

今日之建筑，要立足于现代的生活方式和生存环境，满足人们的各种要求，这包括现代材料和现代技术的运用。新技术、新材料的发展，必然带来新的设计理念和构想。在建筑处理上汲取一些高技派的手法与理念，是现代建筑发展的一个重要趋势。

在别墅造型设计中，利用机器美学原理，表现现代材料与高技术魅力的造型风格被称为“高技派”风格。其主要特点是充分表现现代技术的魅力，在建筑中暴露结构、不加掩饰地袒露各种管道与设备，并以之作为一种新的装饰构件，形成一种独特的工业化、技术化的建筑形象。比如公园路住宅，是穿着铝外衣的三层红砖楼房，红砖与钢铁和铝网形成鲜明的对比，使外观具有高技派特征和现代艺术气息。两个巨大的钢构架被染成红色，外观像工业机械。面向庭院的一侧以轻型框架填充铝板和玻璃窗，相对开敞，入口的标志是一个钢架桥，富有戏剧性。

还有设计北京国际机场第三号航站楼的英国建筑大师诺尔曼·福斯特,他设计了一栋地中海风格的住宅。这栋私人住宅有7层楼高,650 m^2 左右,处于一个很陡峭的坡度上,可以使用的空间和面积很有限,并且此建筑还不是一个全新设计的作品,而是在一个原有的建筑上的改建,因此难度更大。建筑的一边靠街道,不能够过于大规模地改造,因为要考虑到街道的整体景观,所以设计压力全部放到了向海的这一面来了。福斯特在这栋建筑上使用了一个很特别的处理:他保留了朝街道那一面的基本立面,但是在朝地中海这个海滨的方向,他用了两根弧形的大跨度拱券支撑起整个立面的结构,从而减少了对海立面支撑柱的压力,使得建筑内的起居室、卧室、书房等空间都可以在无任何结构阻挡的前提下看见辽阔的大海;同时,这两条巨大的弧形拱券结构跨越第7层屋顶,上面加了一些拉索和遮阳的纺织品,在顶棚形成一个很独特的观景平台;游泳池也设在最高的这一层,在游泳池游泳、休息时可以看到水天一色的壮观景象。福斯特正是运用高科技结构,获得了最佳景观(见图2.40)。

图2.40 高技术风格

值得强调的是,建筑设计风格流派的界限划分并没有十分准确而绝对,大家不要陷于迷思,要注意灵活掌握、举一反三。

2.3 别墅的功能分析与空间建构

2.3.1 功能分析

别墅是功能相对简单的一种居住建筑类型,通常只需要具备家庭生活所需功能,而不论面积大小。一般别墅的主要功能可以分成起居空间、卧室空间、服务空间、交通空间、辅助空间和庭院空间等几类,每大类都是一个功能元素簇,统领着某些使用功能房间。起居空间是居住者日常动态生活的空间,气氛比较活跃;卧室空间是居住者的休息空间,需要保持安静、私密的气氛;服务空间主要包括别墅所必需的服务设施;而交通空间把以上三者联系成为一个有机的整体。对别墅使用功能的归纳分类,可使我们对别墅所需的主要功能元素有一个大局上的认识,从而便于安排组织别墅空间。

对于初学建筑设计的人,结合使用功能和室内空间动线绘制一个功能分析图,是清晰把握功能需求和空间布局的有效手段。在图中对各个使用功能进行分类后,用表示使用者动线的线段联系起来,就形成了完整的功能分析图,可非常直接地整理别墅布局和空间组织,以及各个功能之间的组合关系。

1)别墅的功能空间

• 起居空间

别墅的起居空间包括客厅、起居室、餐厅和书房,一般用于对外接待和家庭聚会。这些空间性质比较开放,使用频率高,要求有良好的采光、通风和景观。

(1)客厅

客厅是最开敞的公共空间,主要用于接待朋友、宴请宾客,是别墅的核心部分。客厅在布局上通常需要与主入口有比较直接的联系,并配以必要的卫生间,平面布置应满足会客与日常生活等。当别墅规模较小时,起居室就充当客厅的功能。客厅、起居室无论是独立或是合并设置,面积以 25~30 m^2 为宜,其平面形状往往影响其使用的方便程度。通常矩形是最容易布置家具的平面形式,适当面积和比例的袋形空间也可提供多样的布局可能性,L 形的平面(即有两个呈现 L 形的实体墙面)是比较开敞的布局方式。通常通过顶棚的造型、地面的高差等限定起居室的空间范围,从而在使空间具有流动性的同时又对空间有所限定。

室内外合二为一的圣保罗住宅(见图 2.41),客厅的空间由二层的走廊、棉麻地毯、沙发和

图 2.41　圣保罗住宅

一堵实墙共同限定出来，整个空间具有流动性，且相当舒展。两层高的客厅具有良好的采光和景观面，高大上的落地窗直接将景色直接引入室内，建筑内院的高大植物与过道边上低矮的植物产生层次感，房间内盆栽的摆放使得景色过渡自然，充满生气，整个建筑内、外融为一体。

不规则的平面形状，比如局部是弧形的矩形平面，可能就比较能活跃空间气氛（见图 2.42）。

图 2.42　流体弹性住宅

（2）起居室

起居室是家庭团聚、接待近亲、观看电视、休息的空间，是家庭的活动中心，所以与卧室、餐厅、厨房等有直接的联系，与生活阳台也宜有联系。起居室内通常布置沙发、电视音响等供娱乐用的电器设施，并需要划分几个不同的空间领域，供可能的各类活动（如会客、游戏娱乐、看电视、健身等）同时进行。在大型宅邸中，壁炉常会成为起居室的视觉焦点。

起居室内门的数量不宜过多，门的位置应相对集中，宜有适当的直线墙面布置家具。根据低限尺度研究结果，只有保证 3 m 以上直线墙面布置一组沙发，起居室才能形成一相对稳定的角落空间。

起居室在空间处理上也比较自由，往往在层高、开窗、建筑材料、空间尺度等方面都有独立的处理，从而使这里成为展示主人个人风格的场所。

（3）餐厅

餐厅是居住者就餐的空间，与起居室可分可合。即使分隔，一般也采用比较模糊的方式，比如用几个踏步、一个博古架、活动推拉门、顶棚的不同处理等，把连续的空间作不完全的分隔。有时餐厅和起居室干脆合为一个空间，只通过各自的家具布置使空间的使用方式有所区别。

餐厅是家庭成员每日聚集最多的地方，因此餐厅是内外活动的结合点。餐厅与各种就餐配置设施应布置合理、便于使用，通常要布置餐桌椅和一些必要的储藏橱柜（见图 2.43）。

（4）书房（工作室）

书房是居住者读书、办公的场所，根据使用频率及接待情况来具体安排，一般应该布置在别墅中相对安静的位置（见图 2.44）。

• 卧室空间

卧室是供休息和睡眠的主要空间，要求布置在相对安静的位置，有一定私密性，其功能布局应包括睡眠、储藏、梳洗等。卧室有主次之分，规模较大的别墅还会细分为客人卧室、儿童卧室、保姆卧室等（见图 2.45）。

图 2.43　拉罗歇别墅、阿尔托住宅的起居室与餐厅

图 2.44　阿尔托住宅及山德曼住宅工作室

图 2.45　卧室空间

(1)主卧室

主卧室指为主人夫妇专用的卧室空间,是别墅私密空间中最重要的房间。通常主卧室由三部分组成,即主人卧室、主人卫生间、更衣储物室。这三部分常见的连接方式是:以更衣储物室作为联系空间,卧室和卫生间位于两端(见图 2.46)。更衣储物空间的两侧一般沿通道设挂衣架及储鞋柜等,供主人使用。从使用动线上来说,三者的空间排列顺序为在主人卫生间沐浴,到更衣室着装,然

后返回卧室休息。由于主卧室在别墅中是比较重要的使用空间,因此通常设于采光、景观条件比较好的位置,并争取做到相对的独立。

(2)其他卧室

由于卧室属于私密空间,又要求安静的环境,因此卧室的位置通常与起居空间有所分隔。在单层别墅中,卧室空间会设于相对独立的位置;在多层别墅中,卧室空间往往设在楼上,从而使动静空间形成立体的空间划分。卧室空间需要与卫生间具有方便的联系,或设配套卫生间。

保姆卧室一般应设在厨房、储物间等辅助用房区域,可设单独卫生间,不与主人混杂。

图 2.46 Street Canvas 住宅

• 服务空间

(1)厨房

厨房是服务空间中最重要的组成部分,在平面布局上,厨房通常与起居空间紧密相连,并与辅助入口直接联系;有时厨房还要与别墅户外的露台相连;同时,保姆卧室一般也位于厨房的附近。在较大型的别墅中,厨房通常附属餐具的储藏空间和一个冷藏室。以西方的习惯,厨房需要有比较好的日照条件和视野,因为家人常常聚在厨房,母亲也会通过厨房的窗户照看在庭院中玩耍的孩子(见图 2.47)。

图 2.47 厨房

厨房的布置直接影响其使用的方便程度,也关系到厨房门的开启方式和厨房开窗的位置。厨房主要具有三部分的基本功能,即清洗(水池部分)、烹饪(灶台、微波炉及烤箱部分)和储藏(冰箱及储物柜)。厨房的工作台布置方式有 L 形、U 形及平行布局,通常 L 形布局是使用最方便的布局方式。不论何种布局,灶台、冰箱和水池都应分别处于操作范围三角形的三个端点上。为了减小家庭主妇的操作距离,依照国外学者的研究结果,这个三角形的周长不应长于 6.7 m。

厨房在功能上属于餐厅的制作与供应部分,与就餐有直接联系,有时在厨房内可放置便餐桌、吧台,以便家人随时使用。随着生活方式的变化,人们在厨房中烹饪成为生活中的一种乐趣,因此,合理的厨房设计就显得尤为重要了。考虑到中西饮食习惯不同,厨房布置也应有差异。厨房内部布置要充分考虑排气、排烟设备的处理,做到干湿、洁污的合理分配,内部功能及设备布置应按照烹调顺序设置，避免走动过多。通常将厨房与餐厅设在别墅的首层，以便交通和使用。

（2）卫生间

为了使用上的方便，根据空间分区，别墅中会设两个以上的卫生间，分别供公共空间和私密空间使用，且主卧室和保姆卧室往往会附带供各自使用的独立卫生间，有时客人卧室也设独立卫生间。卫生间内设备包括浴缸、淋浴房、马桶、洗脸盆、净身器、化妆镜及储藏部分，根据主、次卫生间的标准选用（见图 2.48）。卫生间中洗浴和厕所应尽量做到分开设置，同时也要注意排气设备的布置及干湿的处理。在一些小型的别墅中，有的卫生间需要兼为洗衣空间，需为洗衣机预留位置。在多层别墅中，上下层的卫生间位置需要尽可能地上下对位，以方便上下水及冷热水管道的合理布置（见图 2.49）。

图 2.48　卫生间

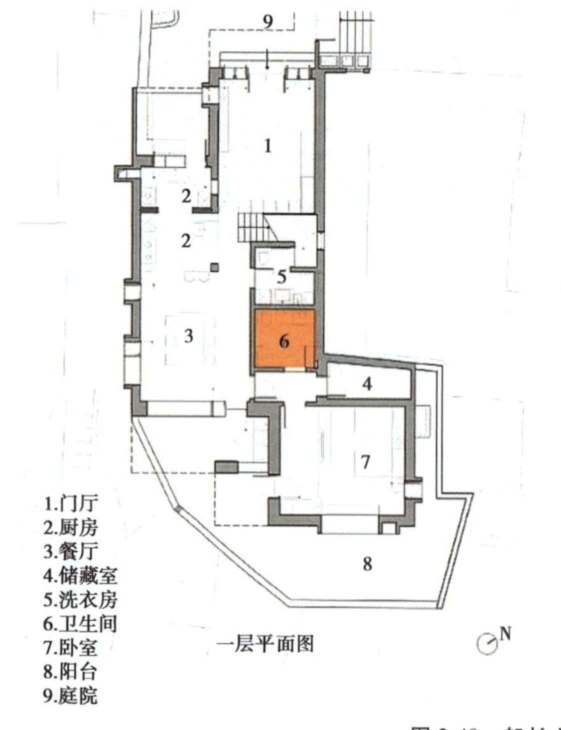

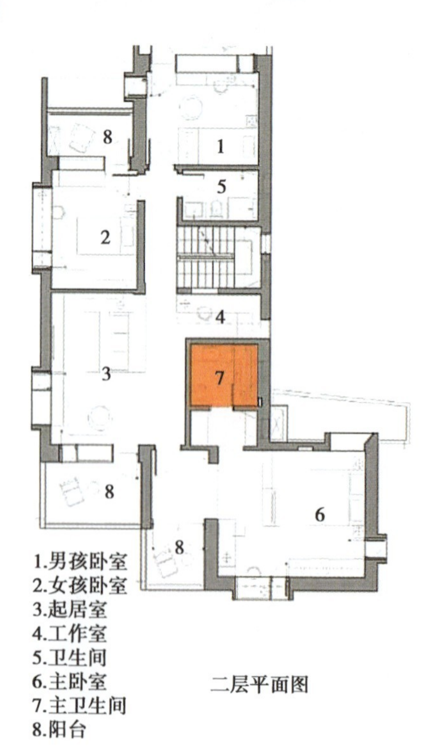

图 2.49　船长之家改造

- **辅助空间**

别墅的辅助空间包括车库、洗衣房、储藏室等,可以布置在别墅的北面或条件较差的位置。车库是别墅必备的辅助空间,可以在基地内单独设置,也可与别墅建筑主体合并设置。车库位置和车库门开口方向应该统筹考虑别墅庭院的人流和车流动线,通常是在底层、半地下或建筑一侧。车库独立于别墅之外时,可能兼用它遮挡冬日凛冽的北风或不太优美的景观等。车库内车位数一般是单车位,大型别墅或有特殊需要时可设多车位。车库尺寸,在我国至少采用 3.6 m×6 m 为宜,车库内还要有能放置备用轮胎、自行车或闲置杂物的空间。车库净高在 2.1~2.4 m 即可,门做成卷帘门或翻板门,车库外要有坡道,内部应有直通室内的小门,与室内的高差做成台阶。

洗衣房宜设在别墅底层,与保姆房、厨房、车库、储藏室等邻近,房内设备有水池、洗衣机、烘干机和熨烫设备等,可以是单独小间,也可与次卫生间、储藏室组合布置。别墅还要有适当面积的储物空间,可以考虑充分利用地下室、楼梯下面、车库边等零散区域。

- **交通空间**

门厅与楼梯是别墅内部交通的主要部分,其位置、细节设计是否合理,直接影响别墅内部活动质量的好坏。

(1)门厅

门厅是从室外空间通过入口进入室内的过渡空间。门厅应该与起居空间有最直接的联系,引导人流进入起居空间,同时也需要从门厅处比较容易地找到主要楼梯,并尽量隐蔽通往服务空间或卧室空间的走廊,从而做到引导空间的主次有序。门厅需要具有一定的面积,让来访者短暂停留,应包括脱去外衣、更换鞋子的空间及相应的家具。门厅既是给予外来者对别墅的第一印象,又是与各个空间相联系的重要的枢纽空间,因而在设计中需要精心而细致地去思考(见图 2.50)。除主入口的门厅外,往往还要设置辅助入口(即次入口),便于保姆出入和杂物操作,以减少干扰、污染。

图 2.50　艾修里克住宅及达拉瓦住宅门厅

(2)楼梯、坡道

在多层别墅中,楼梯是重要的垂直交通联系元素,同时它也是一种室内塑造和装饰空间的景观,楼梯对别墅空间序列的展开和表现具有不可替代的重要作用(见图 2.51)。与楼梯相

图 2.51　J2 别墅

关的设计内容包括两部分:一是楼梯的位置,二是楼梯的形式。

楼梯的位置往往极大地影响着别墅交通空间的组织效率,并决定着别墅二层以上空间的主要布局,合理的楼梯位置可能缩短别墅上层空间的走廊长度。楼梯位置一般有两种:一种是单独设置楼梯间,另一种是将楼梯设在客厅或起居室中。

楼梯的形式可以按楼梯本身的平面形状及楼梯的装饰特征来分类。不同的楼梯形式(如单跑楼梯、双跑楼梯、多跑楼梯以及旋转楼梯等),都影响着别墅的平面组织方式和平面形态。

不管采用何种楼梯形式,都要注意以下几点:一是尽量不要占用好的朝向;二是到达楼上时,楼梯应尽量处于楼层中心部位,以便通往各个房间;三是要有足够的尺寸和合适的坡度。楼梯的组成包括:楼梯段(是楼梯的主要使用和承重部分,它由若干个踏步组成,一个楼梯段的踏步数要求最多不超过 18 级,最少不少于 3 级)、平台(指两楼梯段之间的水平板,有楼层平台、中间平台之分)、栏杆扶手(栏杆是楼梯段的安全设施,一般设置在梯段的边缘和平台临空的一边,垂直高度不应低于 900 mm)三部分。

设计楼梯主要是解决楼梯梯段和平台的设计,而楼段和平台的尺寸与楼梯间的开间、进深和层高有关,楼梯的相关设计要求如下(这一部分内容可以详细参考教材《民用建筑构造》):

①楼段宽度与平台宽的计算:梯段宽 $B=A-C/2$(A 为开间净宽,C 为两梯段之间的缝隙宽,考虑消防、安全和施工的要求,取 $C=60\sim200$ mm)。

②楼梯踏步的尺寸要求:$2h+b=600$ mm(b 为踏步宽,h 为踏步高),且有如下范围:175 mm$\geqslant h\geqslant$150 mm,300$\geqslant b\geqslant$250 mm。

③楼梯踏步的数量的确定:$N=H/h$(H 为层高,h 为踏步高)。

④楼梯长度计算:梯段长度取决于踏步数量。当 N 已知后,对两段等跑的楼梯梯段长 $L=(N/2-1)b$(b 为踏步宽)。

⑤楼梯的净空高度:为保证在这些部位通行或搬运物件时不受影响,其净高在平台处应大于 2 000 mm;在楼段处应大于 2 200 mm。

图 2.52　拉罗歇别墅的楼梯

在许多别墅中,楼梯都经过了精心的设计。由于沿楼梯踏步一步步向上的过程中,空间产生连续的变化,视点也在不停地转变,使人对别墅内部空间的体味更加生动具体。因而,建筑师有时把主楼梯与别墅的起居空间结合,从而形成更立体的室内造型,并有助于使用者形成更丰富的空间感受(见图 2.52 和图 2.53)。

图 2.53 鱼子酱仓库改造住宅的楼梯

- **庭院空间**

庭院是别墅区别于其他居住建筑的重要空间，通常具有室外活动区域、景观园林及道路等部分。室外的活动空间应该直接设置于起居室或餐厅附近，并有足够的硬质地面供室外的娱乐或进餐。小型的别墅多以花草树木塑造庭院，当别墅基地比较开阔时，别墅中的小园林也会以水池、花架、灯饰并结合多样的地面铺装等布置，形成丰富的室外空间（见图 2.54）。值得注意的是，为了利于植物的生长和拥有生趣盎然的庭院，最好不要把小园林布置于不见阳光的北面。

图 2.54 庭院

别墅庭院中的步行道路、汀步应与小园林结合设计，而车行道路必须相对独立，才不会对室外活动和小园林造成干扰。同时，应仔细考虑车行入库的转弯半径、尽端回车道、室外停车位的合理位置等（参见第 2.1 节场地设计的相关内容）。

2）别墅的功能分析

别墅的功能需求来自人的活动，这些活动也有相对的公共与私密、内与外、动与静、主与次以及洁与污等之分。功能分析就是将别墅的各个功能空间按其面积大小、使用性质和相互关系进行分析比较、归纳分类，从而进行别墅空间有序的编排、组织（见图2.55）。

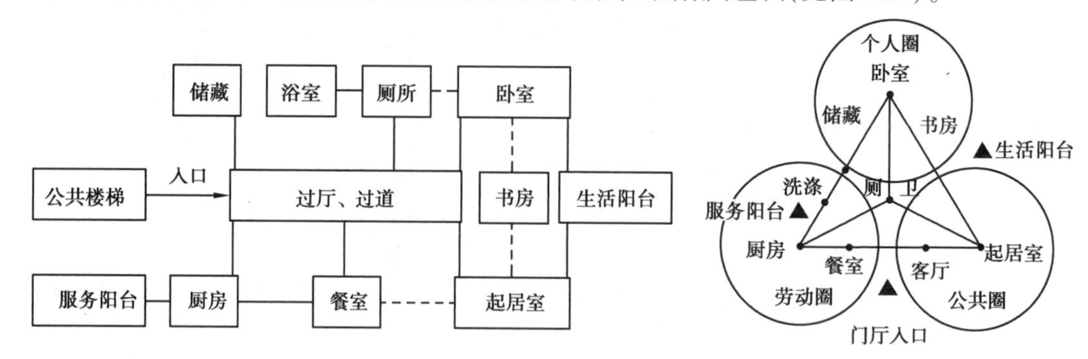

图2.55　功能分析

尽管别墅生活常见的功能和空间布局有一定的定式，但不同阶层、不同家庭结构、不同职业对于居住空间会有不同的功能需求。因此，对别墅的各个空间进行功能分区是很有必要的。

（1）内外分区

别墅内外分区的主要依据是空间使用功能的私密程度，它一般随活动范围的扩大和成员的增加而减弱。私密性不仅要求声音、视线的隔离，而且在空间组织上也要保证尽量减少内、外之间的相互影响与干扰。组成别墅的各个房间对内、外联系的密切程度要求有所不同，通常要求对外联系密切的房间应布置在出入口和交通枢纽附近，而对内联系强的空间应设在比较安静、隐蔽的内部使用区域内。所以，别墅的卧室、书房等常放在最里面，厨房、餐厅等放在中间，客厅、起居室等放在入口附近。

（2）动静分区

动静分区就是将有运动、有声响发生的所谓“闹”的空间，与要求安静的所谓“静”的空间分隔开来，做到互不干扰。

家庭生活中各种活动有动静之分，如卧室、书房比较静，而客厅、起居室、餐厅、厨房相对是动的。卧室也有相对动静之分，如父母的卧室相对安静，孩子的卧室相对吵闹。

（3）主次分区

由于组成别墅的各个房间其使用性质不同，以及居住者对空间的需求不同，空间必然有主次之分。对于客厅、主卧室等别墅的主要空间，应在位置、朝向、交通、景观以及空间构图等方面优先考虑，其他次之。

（4）洁污分区

家庭生活中各个空间会有相对的清洁区域与会产生烟、灰、气味、噪声、放射性污染的所谓“污浊”的区域之分，对室内空间进行洁污分区，可以满足人们在使用功能和心理上的要求。由于厨房、卫生间等空间经常用水，相对较脏，而且管线较多，如能集中布置，将有利于洁污分区。

（5）动线组织

人要在建筑空间中活动，物要在建筑空间中运行，人流运动的路线就称为动线。人在建筑中的运动都有一定的规律，这种规律就决定了建筑各个功能空间的位置和相互关系。动线组织通常是评价建筑平面效率与合理性与否的重要元素。在别墅中至少有一条动线联系主人、客人活动的客厅、起居室、餐厅等公共区域;另一条联系对外的辅助区域(主要为厨房、洗衣房、车库等辅助区域)。两条动线各自形成自己的“流程”,互相也会有结合点。在满足同样功能要求的情况下,动线越短越好,缩短动线往往意味着空间紧凑、节约建筑面积和方便使用。合理的动线组织应保证各种交通空间通行方便,各种房间联系方便,主楼梯位置明确,交通面积集中紧凑,各种流线之间避免相互交叉干扰。

2.3.2 平面形态设计

在把握了基地的自然条件和人文条件,并对已有的基地条件和设计任务书进行了充分的分析之后,设计者已经详尽地掌握了与设计相关的各种限定条件,且经过分析和取舍,在头脑中已初步形成对别墅形态的设计预想,可以大致勾勒出粗略的总平面形态了,别墅的平面设计就在这一情形下开始。在平面设计的同时,也要同时考虑到建筑的空间体量组织、立面形态塑造等问题。

1)平面设计的原则

别墅交通空间的高效组织、各个功能空间的顺畅联系,以及各空间的比例和尺度的合理性等,都依赖于别墅平面的完善组织。在设计中,平面设计必须遵循以下原则:

(1)空间功能的合理组织

别墅空间使用效果取决于空间功能的合理组织。在前面所述的功能分析中,已经把别墅的功能空间划分为起居空间、卧室空间、交通空间、辅助空间等。虽然别墅的空间组成并不复杂,但对于设计者来说,决定各个功能空间的划分,以及如何进行联系,是合理组织空间的关键。往往由于别墅的主人不同,各个功能区域所包含的服务设施也可能不同。

(2)合理的空间元素与完整布局

在平面设计中,各个使用空间必须具有合理的比例和尺度。就一个房间而言,比较合适的比例通常遵循黄金分割规律,即面阔和进深的比大致是2∶3的关系,同时每个房间的开窗面积不能低于房间面积的1/7。对于别墅整体而言,必须讲究各个空间元素合理的位置和联系关系,比如要保证起居室的充分日照和卧室的免打扰,以及处理厨房与后门的关系等。车库如果与建筑主体分离,则对二者的联系方式等也应有所考虑。同时在平面设计中,也应该尽量使建筑与环境建立和谐的关系。

(3)高效的交通组织

交通组织的高效性通常是评价建筑平面效率及合理性的重要元素。在任何建筑平面中,建筑使用空间都是由交通空间联系起来的,别墅中主要的交通空间有门厅、走廊、楼梯、过厅等。由于别墅的面积一般不大,在设计中需要尽量使各功能空间布局紧凑,因此在丰富空间层次的同时,也要强调高效的空间组织。在设计中要尽量减小走廊的面积,提高平面使用面积系数。建筑平面效率的检验方式是通过计算建筑的平面系数而表达的。所谓平面系数,即建筑使用面积系数,其数值越高,表示建筑交通组织的效率越高。其计算方法如下:

$$\frac{\text{建筑总使用面积}}{\text{总建筑面积}} \times 100\% = \text{建筑使用面积系数}$$

另一个检验交通空间效率的方法是:在平面图中画出住宅的交通动线,根据交通的密集程度检验建筑交通组织是否有效。

减少走廊面积与提高面积系数一样,可提高交通组织的效率。减少走廊面积的方法有:使交通空间与使用空间结合,比如将起居室与餐厅贯穿布局,通过家具的布置模糊地设置走廊空间,使走廊弱化成通道,从而达到高效组织空间的目的。另外,将楼梯居中布局,在走廊两侧都布置房间等,均有助于提高空间组织效率。在别墅的平面设计中,应该尽量避免过大的厅和过长的走廊,这不仅是因为别墅面积较小,不需要过于复杂的交通组织模式,而且是因为这样的空间采光不好,也不利于供热和制冷。

2)平面布局的形式

(1)平面设计程序概述

总的说来,在对别墅的各个条件的分析并进行合理的功能分区之后,设计者逐渐对别墅的平面布局构思有了比较清晰的认识,并在头脑中形成了初步设计的“设想”。通常此时所表达出的设计结果往往是一个初步的、概念化的平面。这个平面一般以 1∶500 的粗略草图表示,图中只需表达几个大体的功能分区位置,起居室等重点空间的采光、景观以及所构思的别墅层数等。

在进一步的设计过程中,设计者必须逐渐放大平面设计草图的比例,比如从初步构思的 1∶500扩大到 1∶200,以进一步在设计图上表达任务书所提出的各个内容彼此之间的联系和相对位置,并比较明晰地设计出交通的组织方式,比如楼梯的位置、门厅与走廊的关系等。如果是多层的别墅,也要尽量勾勒出二层平面可能的布局,从而检验楼梯的位置是否合理,上下层的卫生间位置是否对应,走廊是否过多或过长等。

刚学习建筑设计的人在此设计过程中,可能出现所设计的结果与设计原则不符的情况。比如平面中出现了没有开窗采光的“黑房间”,交通面积过大,或设计的平面超出基地的限定范围等;也可能设计的结果未能表现设计者的最初“设想”,比如原本希望模仿赖特的草原住宅十字形平面的一些特征,但最终无法达成等,此时设计者可能推翻这个初步设计,重新尝试,以求满足设计原则,并表达自己的设计构想。因为此时的设计草图比例尺比较小,所以对各个元素布局位置的改动相对容易,勾画草图也节省时间。

在肯定了初步的设计草图后,设计图的比例尺可以扩大到 1∶100,利于结合对空间的构思完善平面设计。在别墅平面草图比例尺不断扩大的过程中,设计者所思考的问题也逐步从粗略到细致,从概念化到具体化。此时,设计者思考的问题将涉及更多的细节,比如起居室与餐厅以什么方式来分隔,是彼此开敞,还是中间加入推拉门、家具或博古架;或者二者间是否设计几步台阶、砌筑部分矮墙等。此时还需要在平面图中标明门窗的位置,并在设计的平面中布置家具。通常通过门窗和家具的布置可以检验出平面使用是否合理,房间的长宽比例是否恰当,平面中是否有足够的墙面来布置家具等。对某些特殊的局部,比如卫生间的布置、起居室地面的铺装图案等,可能需要 1∶50 或 1∶20 的比例,以完成更加细致的设计。

从以上的论述中,设计者可以初步了解平面设计基本过程,但如果希望设计出理想的平面,不仅需要反复评估设计所达到的结果是否符合预想及设计原则,还需要设计经验的积累和对成功实例的模仿与借鉴。

需要强调的是:建筑是三维空间,方案设计仅从平面入手是不够的,还必须随时让平面立起来,以检验体型是否理想,即平面内容与体型形式是否有机结合,这是平面设计是否成立的前提。假若平面布局没有大的功能问题,而体型却不甚满意,则应从体型的完善中反过来修改平面,使两者都达到满意。推敲体型的有效手段是做工作模型(草模)。功能是平面设计的基础,但不是唯一条件,造型与空间对平面设计也有决定作用。同样,造型与立面设计不仅要从美的角度来推敲,也受平面设计的制约。通过这种平面与体型、空间的反复同步思维,使平面设计与体型、空间设计有机结合,才能使方案逐步完善。

(2)别墅层数与平面设计

在别墅平面设计开始阶段就要决定别墅是建成单层,还是多层。因为单层和多层在平面布局方面,以及以后的建筑形式和体量方面,所思考的问题和采用的设计手法是不同的。

• 单层

单层别墅适合建于郊野、牧场等场地比较大的地方,它可以充分利用基地的自然条件,使建筑面向优美的景观展开,或者使建筑围绕水池、湖面布局。单层别墅平面布局通常自由而舒展,功能分区明确。例如在日晷住宅中,几个功能区在同一平面上组成各自的功能组(如起居空间、卧室空间、服务空间各为一组),以走廊和功能比较模糊的展廊、过厅等空间作为彼此的联系(见图 2.56)。由于单层别墅是沿水平面方向展开的,在建筑外观和体量设计时,往往缺乏垂直方向的元素,因此单层别墅的屋顶可能成为设计的重点,在平面设计时应该预先考虑到所设计的别墅屋顶的可能形式。为增加单层别墅的自然气息或野趣,在平面中有时会插入室外露台、毛石墙或花架等伸展元素,使平面更加舒展。

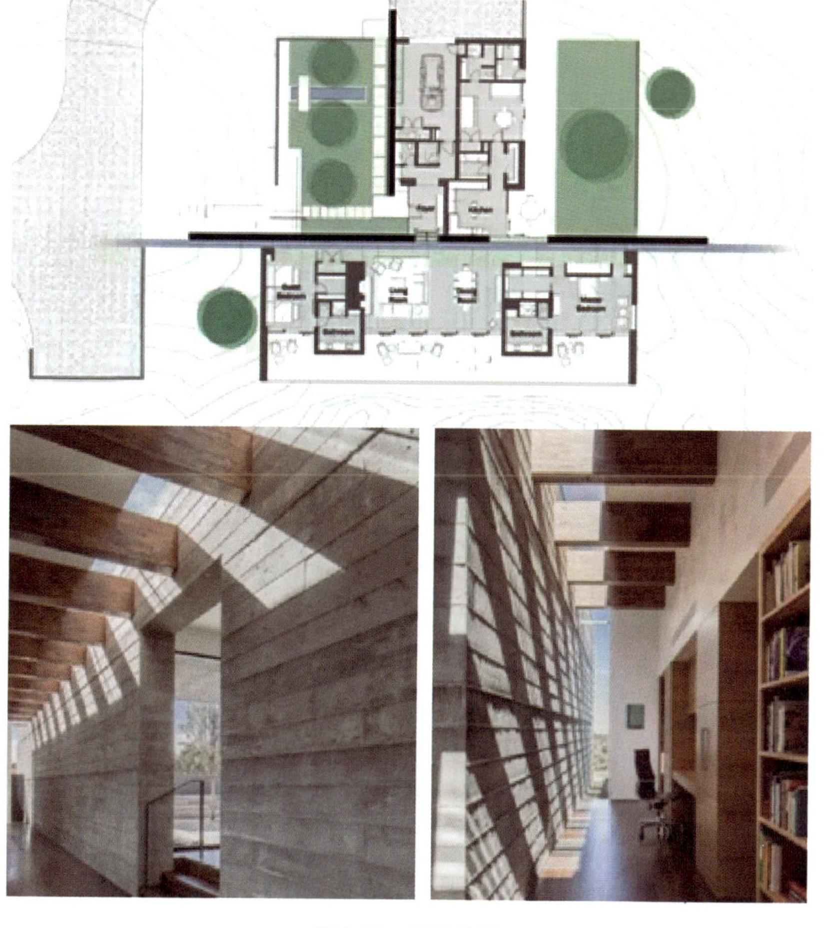

图 2.56　日晷住宅

再如,佳克莎住宅以起居室为中心,卧室和辅助空间分居两翼,室外露台和谐地伸展着,成为平面构图优美的补充,而多层次的屋顶和屋顶上的木构架,可增加建筑的体量和表现力(见图 2.57)。斯瑞梅尔住宅也采用同样的布局手法,不同的是其屋顶为平顶,但通过高出屋顶的透空顶棚增加了体量的变化,同时在建筑体块上涂上鲜艳颜色(以原色为主),使建筑的趣味性大增(见图 2.58)。

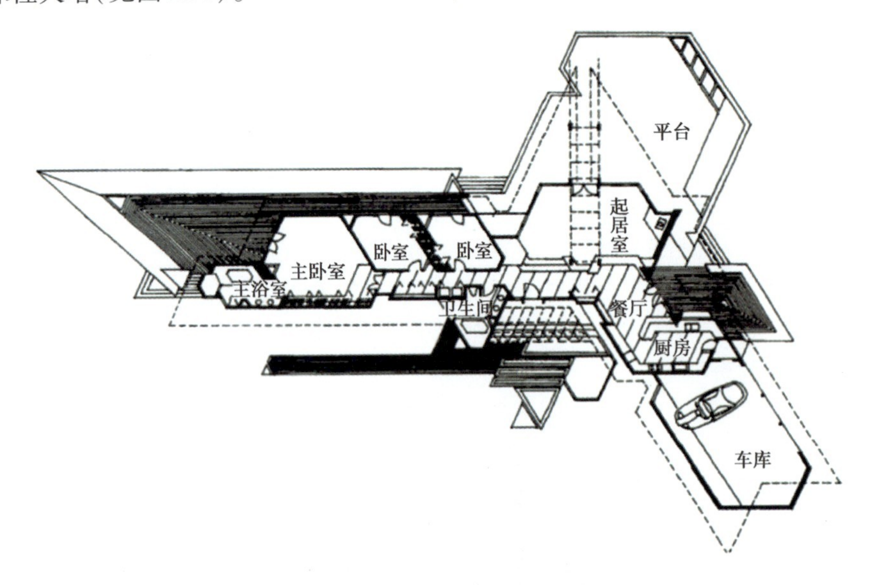

图 2.57　佳克莎住宅平面图

图 2.58　斯瑞梅尔住宅

• 多层

多层别墅的适用性比较强,适合各种基地条件,尤其在用地紧张的地区,更能发挥空间组织紧凑、占地少的优势。同时,对一些面积大、功能复杂多样的大型宅邸,分层布局可以使功能分区更加合理。另外,对于山地或坡地等特殊地形,多层布局可以更充分地顺应地形。在构思别墅的造型和体量时,多层别墅可供模仿和借鉴的造型元素及手法也相对更丰富一些。墨西哥的 Casa DIaz 住宅沿湖泊旁的倾斜地基布局建设,三个长方形体量呈“Z”形向上分布,尽最大可能地让每一个房间都能看到水景,其裸露的屋顶表面形成露台。只要站在湖边的角度观赏住宅,就能看到白色的住宅如同丝带般蜿蜒在土坡上(见图 2.59)。

图 2.59　Casa DIaz 住宅

• 错层

错层是指建筑内部不是垂直分割成几个楼层，而是几个部分彼此高度相差几级踏步或半层，从而使室内空间灵活而且变化多样，给予使用者的空间感受也更丰富，例如都市生活里的花园住宅(见图 2.60)。错层布局中，楼梯往往居中布置，楼梯跑的方向和楼梯在平面中的位置是空间组织的关键。

图 2.60　都市生活里的花园住宅

常见的错层布局有:

①错半层。它是以双跑楼梯的每个休息平台的高度为一组功能空间,每组空间彼此相差半层(见图 2.61)。科隆建筑师之家就是错半层布局的实例(见图 2.62),别墅的楼梯位于建筑平面的中间,楼梯不再有休息平台,楼梯南北两侧相差半层。起居室空间与厨房餐厅空间、卧室和主卧室空间分居楼梯两侧,高度相差半层,空间错落。

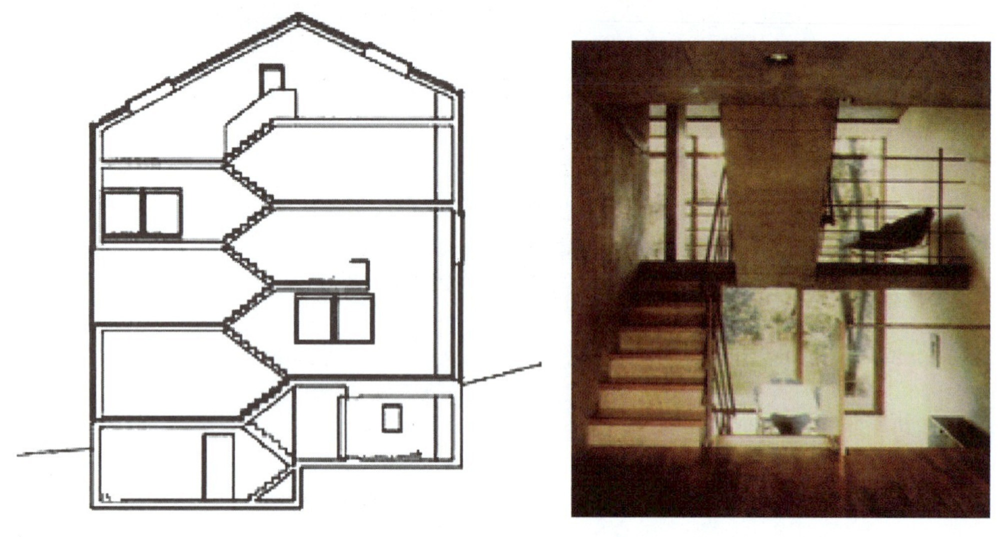

图 2.61 错半层剖面示意图　　图 2.62 科隆之家

②错几级踏步。通常这种错层设计是在多跑楼梯的多个休息平台的高度布置不同的功能空间。以库拉依安特住宅为例,别墅的正中是四跑楼梯,每个休息平台附带一个空间,从而使别墅的使用空间便从公共空间到私密空间的顺序螺旋上升,每个空间高度相差 4 个踏步,整个空间沿着楼梯自然顺畅地展开,丰富而有趣(见图 2.63)。

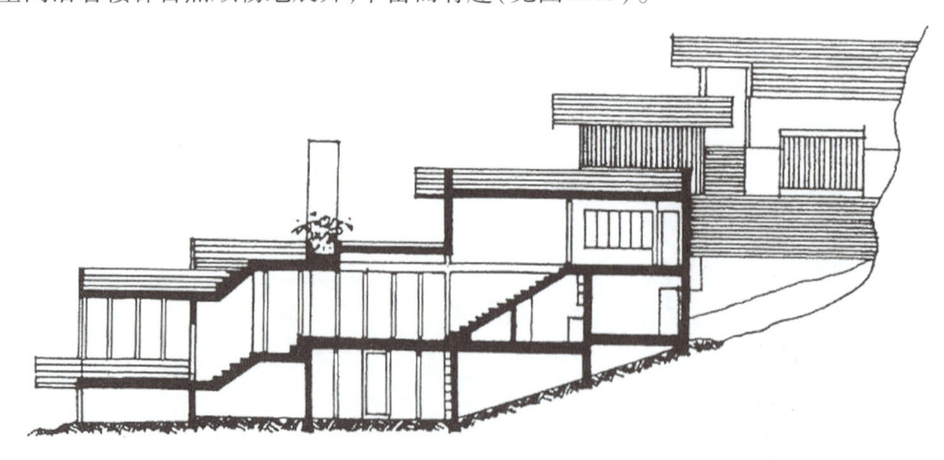

图 2.63 库拉依安特住宅

③按照基地坡度错层。此种布局比较简单,平面中各个空间依照基地坡度逐渐向上展开,单跑楼梯也同时沿垂直等高线的方向向上,不同的休息平台通往别墅的不同使用空间。根据基地的坡度,楼梯跑的长度可长可短,每组空间的错落也可大可小(见图 2.64)。

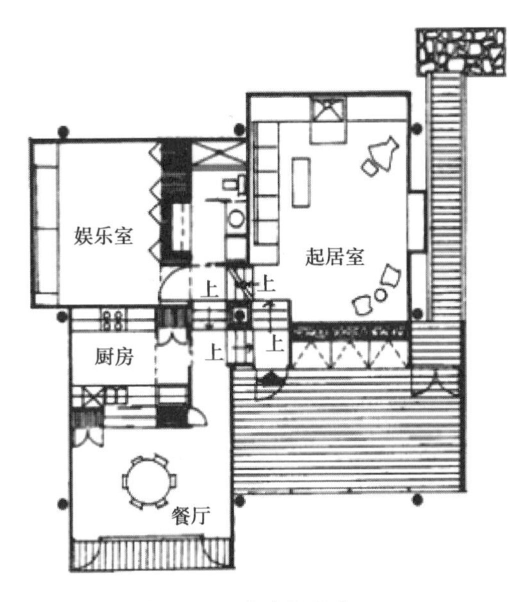

图 2.64 史密斯住宅

3)平面的设计手法

(1)简单几何形

许多面积不大的别墅,其平面设计往往就是在一个简单的基本几何形(如矩形、正方形、圆形等)中进行空间的分割和划分,在满足任务书要求的同时,保持几何形状的完整性。例如,日本的香山别墅平面是在一个正方形内进行划分的,它以正方形中心的柱子为平面和空间划分的辅助点,通过与边平行的线和45°线组织平面,并在屋顶形式的设计中呼应了平面中的45°线(见图2.65)。

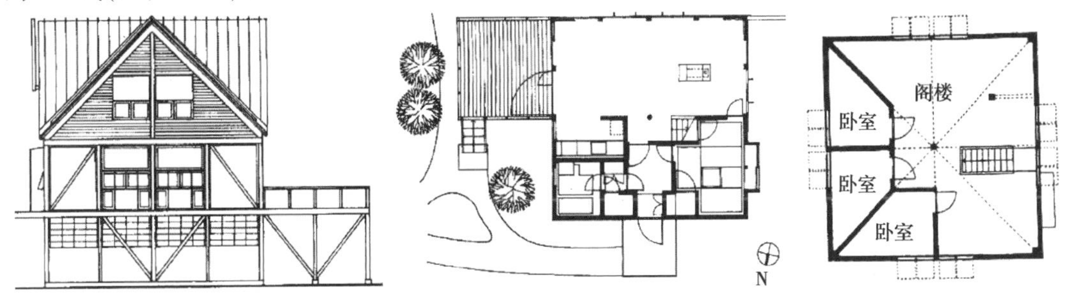

图 2.65 日本香山别墅

(2)减法

减法是在平面设计中对简单几何形进行切、挖等削减,使简单几何形的边、角等决定轮廓的主要因素有所中断或缺损,但几何形状的大部分特征还保持。以减法手法设计的平面需要对几何形各个控制因素、辅助线和辅助点有深入了解和把握,要求设计者有很强的几何形状的控制能力。马里奥·博塔的一些别墅设计就是运用减法。例如在美蒂奇住宅中,博塔运用纯熟的手法对圆形进行切削,打破简单的平面,插入多种开口,并以此为在塑造体形时产生丰富的凹凸变化和虚实对比埋下伏笔(见图2.66)。

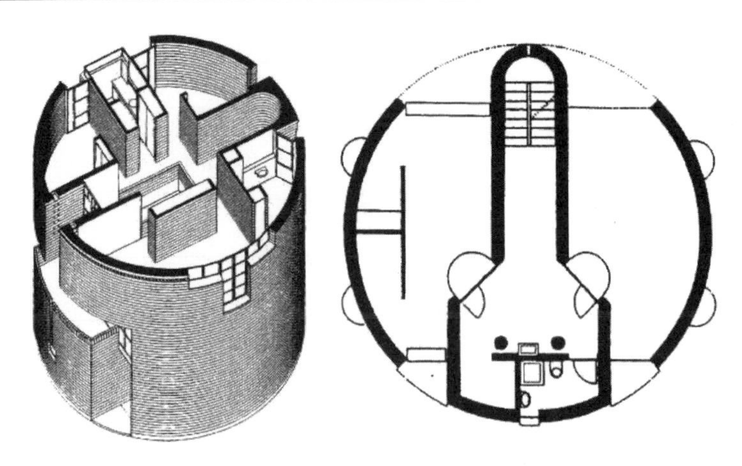

图 2.66　美蒂奇住宅

(3)加法

所谓加法,就是把任务书中所要求的各个空间一个个地并置累加起来,形成平面。优美的平面需要对平面构成原理和美学规则的深入理解和灵活运用,同时也要符合比例、尺度、模数等基本建筑原则的要求。在空间累加时,设计者可以根据基地条件自由组织;如果可能,也可以依照自己对平面的初步设想(比如十字形或 L 形平面等)进行组织。十字形和 L 形平面都便于在平面中不同的翼配置不同的功能空间。通常,十字形平面的别墅以交通枢纽为十字形的中心,不同性质的空间按各个翼展开,楼梯居中,便于交通空间与各翼的均衡联系,例如瑞文住宅就是十字形平面的很好实例(见图 2.67)。而 L 形平面具有一定的围合感,更适于界定庭院,使建筑与庭院建立良好的相互关系。

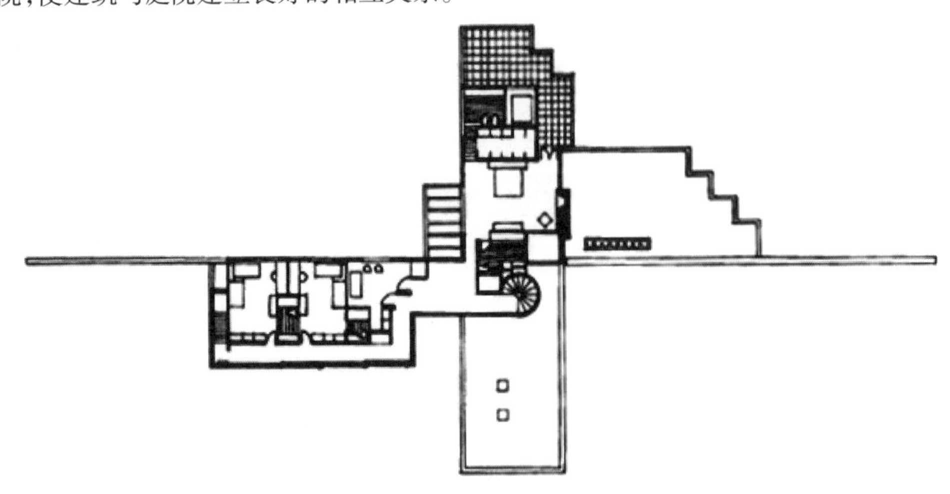

图 2.67　瑞文住宅

(4)母题法

所谓母题,就是指平面中的某种简单几何形,如三角形、圆形、方形等。建筑平面以多个形状相同或相似(指几何形以同样的比例放大或缩小)的简单几何形(即母题)累加,可使平面显示一定的统一、秩序及和谐性。需要注意的是,在同一个平面中,不宜使用过多的母题。在别墅设计中,以三角形和六边形为母题,不仅可以使平面统一和谐,而且还使空间自由活跃、灵活多变。日本建筑师叶祥荣设计的“光中六柱体”，就以 6 个比例逐渐放大的正方形为母题，使平面中具有鲜明的秩序性，而其中一个扭转的正方形又增加了平面的趣味（见图 2.68）。

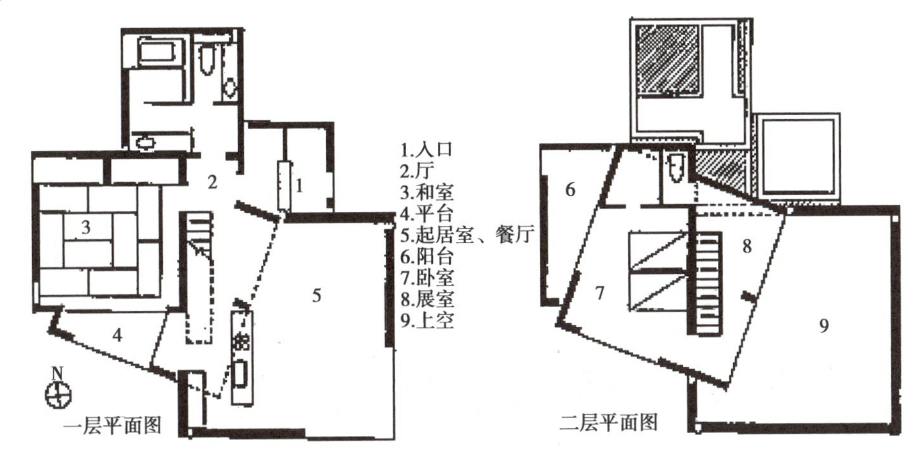

图 2.68　光中六柱体

（5）叠合与扭转法

平面的叠合和扭转是初学设计的人较不容易掌握的一种手法。所谓叠合和扭转，分别是指两个或两个以上的几何形互相穿插叠合在一起；或两个相似的几何形在叠合时，一个几何形扭转一个角度，再与另一个几何形叠合，从而在平面中产生不和谐的冲突和微妙的对比。叠合手法相对简单，只需在几何形叠合时在平面中保持每个几何形各自的形状特征和主要的形态控制因素，使人可以一眼看出平面是若干几何形的叠合，表现出清晰的组织关系。

平面的叠合扭转则比较复杂，在平面设计时彼此扭转了一定角度的两个几何形，在彼此不相交的部分通常独立保持各自的边界和几何形控制点，而在彼此相交的部分会造成一定的咬合，使两个几何形彼此叠合在一起，使相交的部分同时属于两个几何形，因而这一部分中的平面线形会分别呼应不同的几何形，从而平面具有不可预知的空间效果和趣味性。为了使平面构图更加完整，有时会利用露台、踏步、水池、架子等非实体造型元素加强每个几何形的边界及控制线，使穿插和扭转更加鲜明。埃略特住宅就是运用这一手法的具体实例（见图 2.69）。

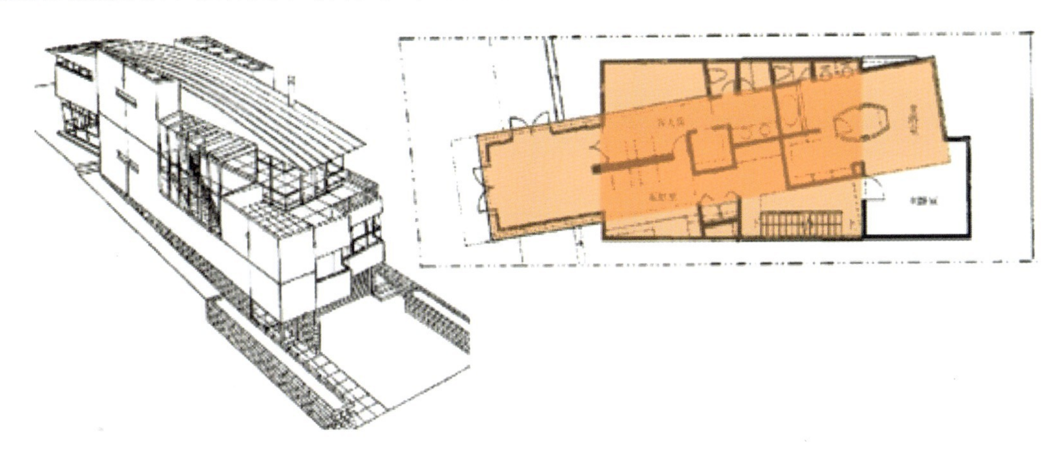

图 2.69　埃略特住宅

此外,随着建筑思潮的不断演变,一些反对古典构图原理、反对均质空间、强调建筑空间的模糊和混沌性的别墅作品也不断出现,如盖里自宅。其表现为平面设计的自由随意、空间组织的矛盾和冲突等。

4)平面设计的细部推敲

(1)高度的变化

有的居住者喜欢别墅有某些微妙的空间变化,比如通过几步台阶创造房间(或不同空间)及区域间的高度变化,从而使空间的分区比较模糊。一般正常情况下,三级或三级以上的台阶比较安全。因为三级踏步才会在视觉上感觉出比较明显的层高变化,而一、二级台阶则因空间变化比较细微,使用者不注意时容易摔倒而造成意外伤害(见图 2.70)。

图 2.70　高度变化的空间

(2)家具布置

别墅内家具的作用是为使用者提供方便舒适,并在可能的情况下营造愉悦的视觉感受。作为建筑师,必须熟悉各种类型的家具及其不同的布局方式对住宅空间的影响。成功的家具布局能够提高别墅的空间的使用价值,且在塑造空间时,不同的家具风格会产生不同的室内效果。许多建筑师同时也是家具设计师,比如赖特设计的别墅中,许多家具甚至墙面的浮雕、窗玻璃上的花纹都由他亲自设计,而密斯的巴塞罗那椅也给我们留下过深刻的印象。

在别墅平面设计的过程中,依据不同的使用空间布置家具,可以帮助建筑师更直接全面地了解各个空间的使用情况,从而确定室内空间的使用动线,并有助于确定门和窗的位置和可能的开启方式。例如,可以通过家具的布置,检验起居室中是否有过多的开门而影响居住者的使用,是否有足够完整的墙面来布置沙发、电视,沙发和电视间的距离是否恰当、舒适等。

(3)开门的方式

通向室外的大门一般由室内开向室外,而在别墅内部,门的开启往往是从走廊开向室内的,门打开后可以靠向墙壁或家具。同时,初学设计者必须注意:如果房门位于楼梯、坡道或踏步的顶端,那么楼梯踏步和房门之间必须留有足够宽度的休息平台,以供使用者回转,而不能让楼梯直抵房门。

2.3.3　空间组织

依照本书所提出的设计程序,通过对各个基本条件的分析,将别墅的主要组成部分进行了概念性的功能分区,并逐一分析别墅的每个组成元素后,使我们对特定基地上、有特定要求的别墅有了比较充分的把握。以此为基础,也具体分析了别墅平面的设计。然而,建筑是空间的艺术,以合理的交通组织和空间关系把各个元素联系起来,在平面设计的同时推敲空间组织的形式,是别墅平面设计的关键。

1)空间的概念

老子在《道德经》中提道:"埏埴以为器,当其无,有器之用。凿户牖以为室,当其无,有室之用。故有之以为用。"其意为:建筑对人而言,具有使用价值的不是围合成空的实体部分,而是其中空的部分,也就是空间。

现代空间的本质在于其由空间限定要素(界面)在其所处环境中所限定的视觉上的"范围"。无论是在建筑空间内部,还是在外部空间,其空间限定要素就是构成建筑的地面、顶面、墙面和梁柱等。想要创造出一个有效的空间,必须要有明确的界定要素,且限定要素的尺度、形状、特征决定了该空间的特质。空间限定常用的方法有围合、设置、天覆、凸起、下沉、架起、肌理变化等。

在进行功能分区和最初布局的时候,设计者对平面组织的思考通常是平面的,是为满足设计任务书中的各个面积指标要求所形成的二维平面的思考。而别墅的各个使用空间其实是三维的、立体的,因此我们有必要提出空间的概念,即"体"的概念,把任务书中各个限定面积的功能元素设想成具有长、宽、高的三维实体。

举个例子来说,当看到设计任务书中要求门厅面积为 10 m^2 时,设计者会首先想到符合这个面积要求的门厅的长和宽(或称为面宽和进深),比如 1.5 m×6.3 m、2.4 m×4.2 m、3.3 m×3.3 m等数值。不同的长宽比例会形成不同的空间感受,设计者必须通过仔细的权衡,决定自己认可的合理数值。但与此同时,设计者更要考虑任务书中没有规定的门厅的"高",不同的高度对空间感受的影响是不同的。不少设计参考书中都指出,空间的高宽比大于 2,将产生神圣的空间感受;高宽比为 1~2,会形成亲切的空间感受;而高宽比小于 1 时,则容易产生压抑感(见图 2.71)。当设计者决定别墅门厅的长宽高分别为 2.4 m、4.2 m、3.3 m 时,门厅就形成了三维的立体空间。

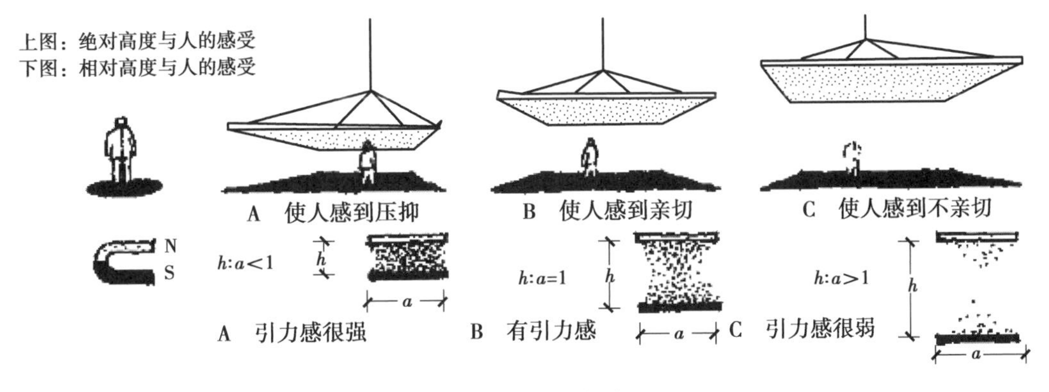

图 2.71 空间感受

2)空间关系

各个空间的关系有如下几种情况(见图 2.72):

(1)包容式空间

包容式空间即在一个大空间中包含一个小空间,这两者之间很容易产生视觉和空间的连续性,达到既分又合的效果。在这种空间关系中,大空间作为小空间的三维背景而存在。要在大空间的背景下达到突出小空间的目的,可以采用形体的对比或方向的差异来达到。

(2)穿插式空间

穿插式空间由两个空间构成,两者之间部分空间相互重叠,咬合成一个公共空间区域。当两个空间以这种方式贯穿在一起时,它们各自仍保持了空间完整性。

(3)并列式空间

两个空间并列是空间关系中最常见的形式,两个空间可以彼此完全分开,也可以具有一定程度的联系性,这要取决于既将它们分开又将它们联系在一起的面的特点。

(4)过渡式空间

相隔一定距离的两个空间,可由第三个过渡空间来连接,在这种空间中,过渡空间的特征有着决定性的意义。过渡空间的形式和大小,可与它所连接的两个空间不同,以表示它的连接地位。过渡空间可以采用直线形式,以连接两个相隔一定距离的空间,如走廊。如果过渡空间足够大,它也可以成为主导空间,可以将其他空间组合在其周围,如中庭就具有这样的能力。

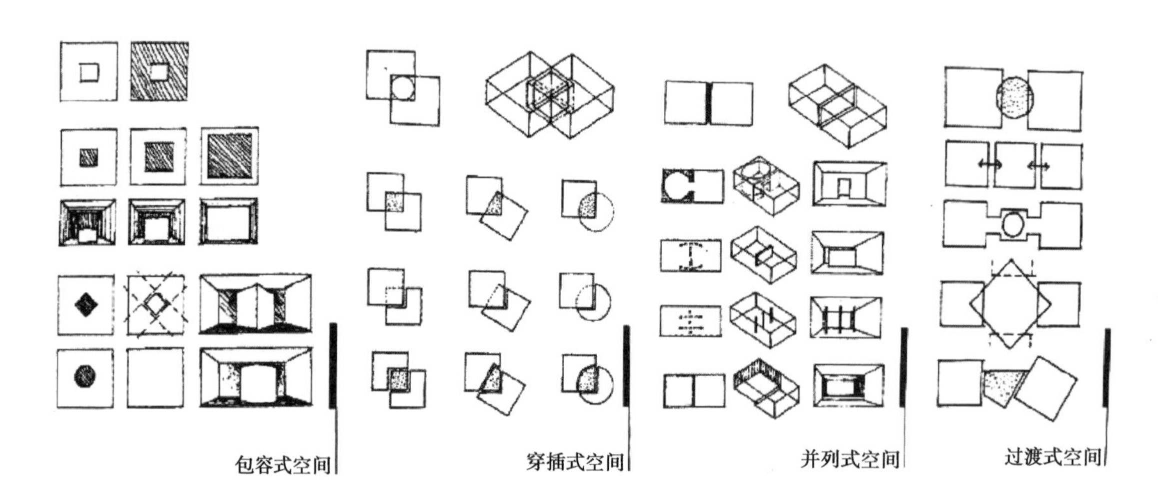

图 2.72　空间关系

3)空间组合

建筑空间组合就是根据一定的空间性质、功能要求、体量大小、交通路线等因素,将空间与空间进行有规律地组合架构,形成新的空间形态。其组合方式主要有集中式组合、线型组合、辐射式组合、组团式组合、网格式组合和流动式组合(见图 2.73)。

(1)集中式组合

集中式组合是一种极具稳定性的向心式构图,它由一个占主导地位的中心空间和一定数量的次要空间构成。中心空间在尺度上要足够的大,才能将次要空间集中在其周围。一般中庭空间和围绕它的小空间属于这种组合。

(2)线型组合

空间的线型组合是将空间体量或功能性质相近的空间按照线型的方式排列在一起,它实质上是一个空间系列。这种空间组合方式的最大特点是具有一定的长度,因此它表示着一定的方向感,具有延伸、运动和增长的特性。各使用空间之间可以没有直接的联通关系,相互之

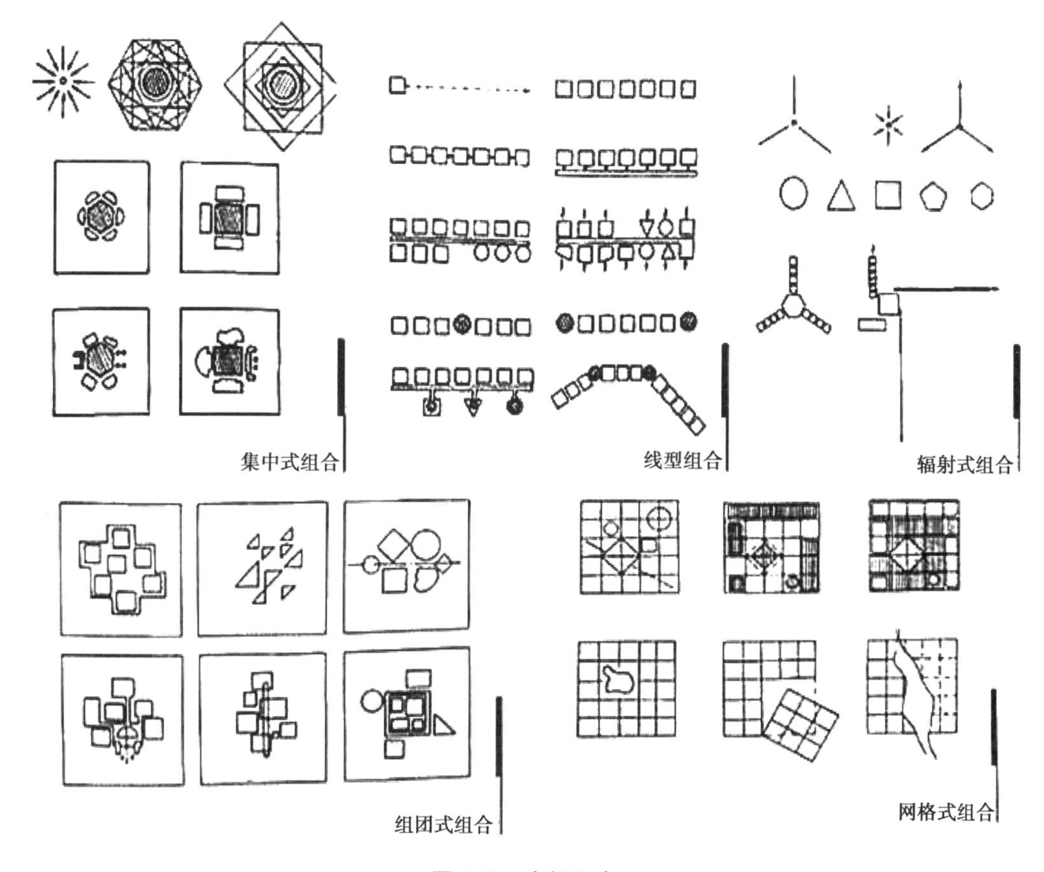

图 2.73 空间组合

间既可以在内部相沟通,进行串联,也可以采用单独的线型空间(如走道)来联系。

(3)辐射式组合

辐射式组合兼顾了集中式组合和线型组合的要素,它由一个主导中央空间和一些外辐射式扩展的线型组合空间所构成。其特点是线型组合部分具有向外的扩展性,它的几个线型部分可以相同,也可以不同。

(4)组团式组合

组团式组合通过精密的连接使各个空间相互联系,这种组合方式的空间虽有大小,却没有主次之分,各个空间完全可以根据需要自由“生长”,具有最大的“自由度”。

(5)网格式组合

网格式组合是所有的空间均通过一个三维的网格来确定其位置和相互关系,具有极强的规则性。网格可以是方形网格,也可以是三角形或者六边形网格。网格也可以变形,部分网格可以改变角度来增加网格的规则中的灵活性,就像平面构成图形中的“突变”,在统一中求变化。在建筑空间中,梁柱等结构体系最易提供网格。在网格范围中,一个空间可以占据一个格,也可以占据多个格。但无论这些空间在网格中如何布置,都会留下一些“负”空间。

(6)流动式组合

流动式组合是将两空间交接部分的限定降到最低,直至取消这部分的限定。其特点是众多空间相互穿插,交接部分的空间限定模糊不清,“你中有我,我中有你”,各空间之间既分又合,具有动态的“流动”特征。密斯在设计巴塞罗那博览会德国馆时,就充分利用了不同比例大小的垂直面来创造其“流动空间”。

4)空间序列

(1)空间序列的概念

在平面组织时,设计者需要把自己设想成别墅的使用者,按照从外部空间到内部空间,从公共空间、半公共空间到半私密空间再到私密空间的顺序,沿着所设计的平面动线,借助大脑的想象力在别墅中“漫步”。通过这种模拟中的连续运动,把预想的各个空间联系起来,从而“体味”和模拟感知所设计的空间组织结果。空间序列是随着人在建筑中的运动而连续展开空间的过程,空间序列强调了空间与空间的关系,它所表达的是几个连续空间之间的起承转合,所涉及的不是一个独立的空间,而是一系列空间。组成空间序列的一系列空间需要给使用者以丰富、变化的空间感受。

(2)空间序列的设计

空间序列是在空间中增加了时间的概念,把三维空间拓展到四维,使多个空间在人使用空间的过程中依时间的顺序逐一展开。在从一个空间向另一个空间过渡中,需要考虑各个空间的界限和分隔方式,相邻空间之间的彼此引导、暗示、呼应、对比,整个空间序列的起承转合以及空间高潮的塑造等。空间序列最忌讳呆板单调,而一束光线、一段曲墙、几个踏步、一个样式或颜色特别的家具等,都可能增加空间序列的趣味性。同时,华丽的门厅与平实的走廊,狭小的过厅与高大开敞的起居室之间的相互对比、相互映衬,也会赋予空间更多的表现力,为使用者提供丰富的空间感受。在别墅的空间序列设计中,起居室通常是序列的高潮,通过在高度、光线、装饰、开敞程度等方面的变化突出其在空间和心理感受上的重要性,并使多个与起居室相连的空间成为它的陪衬。

下面我们沿着从室外到起居室的行进过程,对“砖与玻璃住宅”进行空间序列的分析(见图 2.74)。别墅的主入口设在北面,深深出挑的雨篷在室外界定出别墅的入口空间。进入狭小的门厅,左面的楼梯吸引并引导部分人流向上进入二层。建筑师用一组储物柜挡住人的视线,使人站在门厅不能直接看到起居室,而南面的强烈光线比门厅左面的楼梯更吸引人,暗示着人流的前进方向。当转过储物柜后,人的眼前豁然开朗,一部分空间为两层通高的起居室成为最吸引人的去处,而起居室内单层层高部分对比并衬托出两层层高的部分,以空间的高度暗示出空间布局的重点。由于左面的起居室空间对比丰富、开敞明亮,而使右面通往开敞式餐厅厨房的相对狭窄的入口很容易被忽视,因此使用者非常自然地就按照设计者预先设计

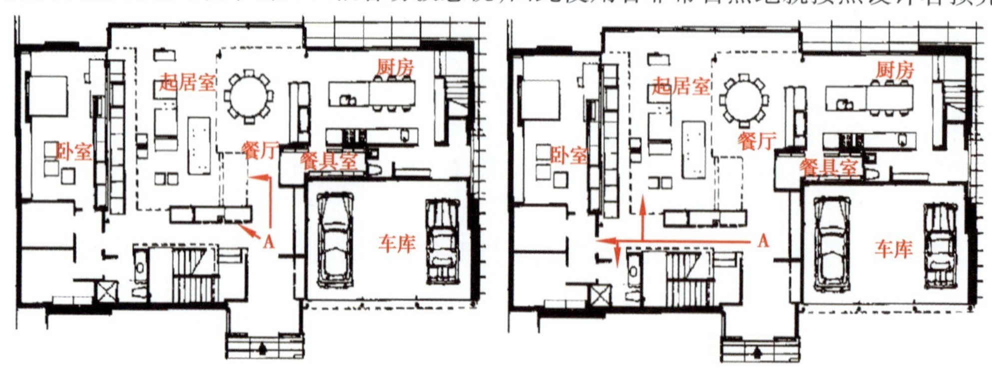

图 2.74　砖与玻璃住宅

的使用动线进入起居空间。同时,在另一条主楼梯边的走廊上,通往起居室的开口大而顺畅,引人前往,而走廊尽端通往卧室的门则稍稍偏离走廊的中线,卫生间的门更是沿走廊略有退后、有所隐蔽,这两个门都比通往起居室的开口显得次要,不吸引人。在这个实例空间序列展开的过程中,几个空间(如门廊、门厅、楼梯间、起居室、餐厅等空间)界限清晰明确,每组空间之间有大与小、高与矮、亮与暗等的对比,使空间的主次分明,同时在对比中引导人在空间中的行进方向,从而形成了流畅的空间序列。

要想使建筑内部的空间集群体现出有秩序、有重点、统一完整的特性,就需要在一个空间序列组织中把围透、对比、重复、引导、过渡、延伸等各种单一的处理手法综合运用起来。空间序列组织主要考虑的就是主要人流的路线。

(3)空间和空间序列的推敲手段

可以用于推敲空间和空间序列的手段有很多,其中图解方法、模型方法和电脑方法是比较常用且有效的方法。

①图解方法。空间的图解分析是最简单、最常用的推敲方法。平面图与剖面图结合可以清晰地表达空间序列的设计结果,尤其是剖面图能够直接展示建筑空间的高度和组织。几个空间的高度对比、地面的抬高或降低、屋顶的处理(比如屋顶是平顶还是坡顶,以及坡顶的坡度选取)、顶棚的变化、是否有屋顶采光等,都可以在剖面图中直接反映。同时,剖面图也可以表达墙面上的开口关系,显示光线的来源和强弱等。

在墨弗西斯事务所的设计中,由于其材料细部多样,空间异常复杂,为了清晰表达设计思想和设计结果,建筑师在平面中画出网格,依照网格把组成网格的每一个横纵线都作为截面画出一个剖面,从而清晰地图示出他们对空间的设计和各种形体的交接关系。例如,在布莱德斯住宅中,建筑师竟提供了 20 多个剖面,使建筑空间在人阅读图纸过程中如同动画般展开。值得一提的是,剖透视图比剖面图更能够清晰地表达空间和空间序列。不少初学建筑设计者对剖面图不够重视,常常在整个建筑设计结束后才为了完成任务书中的要求,匆匆补出剖面图,而未能充分利用这个推敲空间和空间序列的有效工具,十分可惜(见图 2.75)。

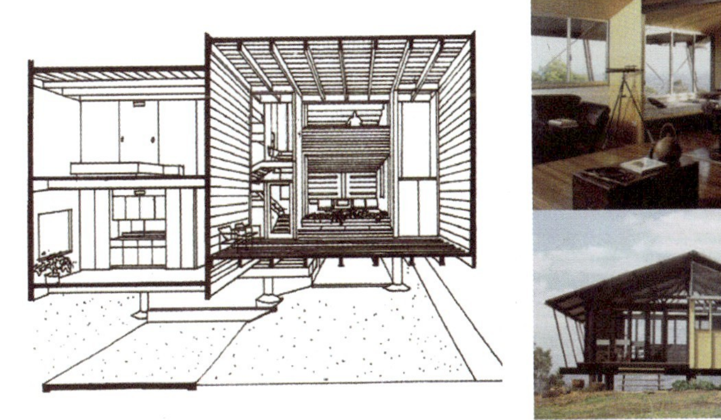
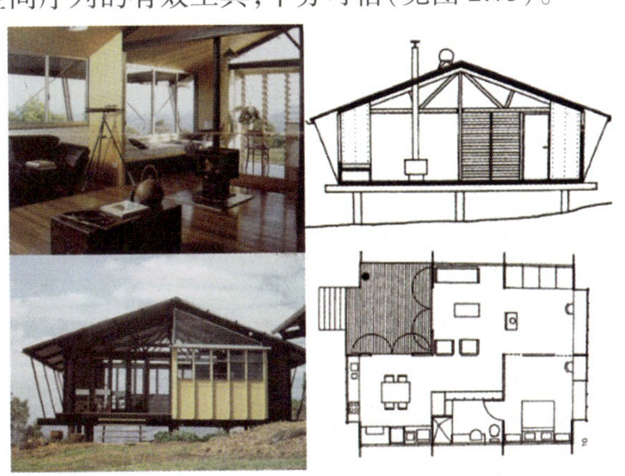

图 2.75　图解方法

除了剖面图和剖透视图以外,常用的建筑图解手段还有分析图和透视图。室内透视图可以表达室内空间诸多细节(如顶棚的形式、地面的铺装、家具的形式、窗帘的色彩等),还可以利用不同的位置和视点分析同一个空间不同角度的空间形态。连续的室内透视图则可以更加生动地表现空间序列的设计结果。不论一点透视还是两点透视，都需要依照透视图的绘制原理求出实际的结果，虽然这样做需要花费较多的时间，但运用透视图推敲和表现建筑空间是建筑师的基本功。

②模型方法。模型方法是最直观、表现力比较强的辅助手段，在设计的过程中随时制作一些工作模型，用以推敲空间比例尺度、空间关系、建筑造型等，往往比单纯的图解更加形象生动。

模型方法中所用的工作模型通常称为“草模”，顾名思义，模型无须细致的做工，可以比较粗糙简陋，但一定要有合适的比例，以便对空间的细节及空间组织方式加以推敲。模型的材料通常是硬卡纸板或吹塑板，比较坚挺，易于成型。模型以胶带、大头钉或快干胶黏合材料黏结，比较容易拆装和修改。建筑采用平顶还是坡顶，屋顶的坡度是多少，楼梯的位置和形式，起居室要不要开落地窗等，都可以通过安装或拆掉模型的某些部分来表达（见图 2.76）。

图 2.76　草模

③电脑方法。随着科学的不断进步，计算机技术为推敲空间和空间序列提供了特别有效的辅助。电脑可以模拟三维空间的具体形式，充分表现材料的色彩、质感、肌理，真实模拟建筑中各种光线对空间的塑造效果。如果将所设计的空间制作成电脑动画，设计者便可以身临其境地体会自己设计的空间和空间序列，从而推敲空间序列是否与设计构想相符。目前常用的辅助软件有 AutoCAD、3dMAX、Sketchup（见图 2.77）、Photoshop 等，这些软件有助于设计的思考和表现。但是，电脑不可能代替人的思考，它只能把设计者的构思较迅速、直接地表现出来，因此，初学设计的人必须不断积累设计手法和技巧，而不应单纯寄希望于电脑。

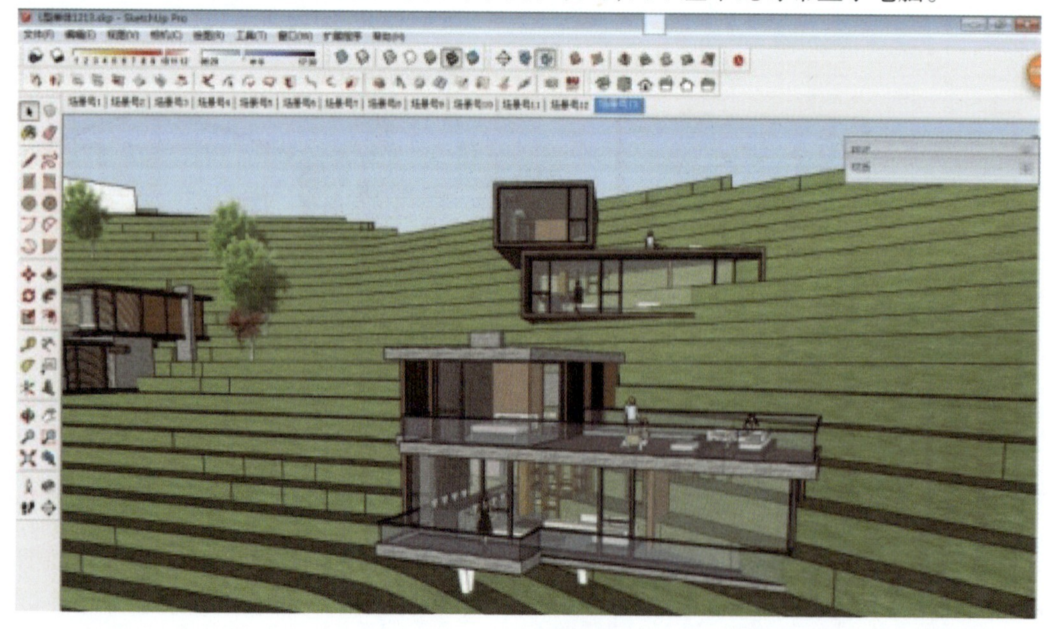

图 2.77　电脑建模

2.4 相关结构知识

在建筑领域中,结构承担着两个重要作用。第一个作用是要保证建筑的安全。建筑物需要抵御地心引力、地震和台风等的作用,为了使建筑物能够充分发挥其应有的功能,结构方面的知识和技术储备是必备的。另一个重要作用是对于建筑美学的贡献。建筑与雕塑不同,由于它是规模较大的实体,建筑物通常不可能像雕塑那样随心所欲地表现作者所期望的造型,而仅能实现与其所承受力的大小及力的作用原理相适应的造型。当然,也有建筑通过直接或者间接展示结构中力的传递手法来实现特有的优美造型。力与建筑造型之间的关系一直相互依存,本节旨在把力与造型之间的这种关系用浅显易懂的方式阐述出来。

2.4.1 建筑设计与结构设计的关系

力的影响无所不在,建筑的发展历程也是与重力对抗的结果。要把房子立起来,我们既要对抗力,也要利用力,这一切都离不开结构设计。

建筑学专业的学生应该意识到,烦琐的计算不是结构设计的代名词,建筑的结构不是算出来的,而是设计出来的,“方盒子”也不是牢不可破的结构形态,结构不应成为建筑的束缚。良好的结构素养可以让建筑师体会到更深层次的空间逻辑,并赋予他们更大的创作自由。

意大利建筑师皮埃尔·奈尔维就认识到了钢筋混凝土在创造新形状和空间量度方面的潜力,他通过一系列创新的结构设计,深入探索了钢筋混凝土的极限,从而拥有了把工程结构转化为优美建筑形式的卓越本领。其作品大胆而富有想象力,常以探索新的结构方案而形成独特的构思(见图 2.78)。

图 2.78 奈尔维及作品

被称为“结构诗人”的卡拉特拉瓦,善于将几何、雕塑、工程结构、自然元素融合在一起,从而形成自己的结构美学。他的灵感大多来源于自然界的林木鸟虫,以及人体的各种曲线。他将这些元素捕捉变形,再抽象为雕塑和结构化的建筑。这些建筑就好像地表上生成的有机生命体,卓然而立却又与周围环境和谐地融为一体。得益于他在结构工程专业上的特长,他设计的建筑内部充满了精准、力度和理性,结构暴露、袒裸、不外包。这样的结构因而有了灵魂,成了“活”的结构,正如他自己所说:“结构原本就是建筑”。因此,卡拉特拉瓦的作品,于外是一座有机抽象的雕塑,于内则是充满结构美学的精神空间(见图 2.79)。

图 2.79 卡拉特拉瓦及作品

2.4.2 结构选型

随着社会生产力水平的提高,各种结构类型在适应使用空间的要求、材料性能的发挥等方面有了很大的发展,建筑结构也日趋完善,并不乏出现具有时代意义和象征性的结构美,为建筑师的创作提供了充分的技术支持。作为建筑设计的初学者,我们需要计算的结构数据并不多。但根据方案的特点,我们需要选择不同的结构形式(称为结构选型),这也是建筑学专业一门非常重要的课程。

1) 结构形式

(1)墙承重结构

墙承重结构的特点是:墙体是传力构件,属于“面”构件,墙体既是承重构件,又具有围护和隔墙的作用。这是最传统、最广泛的结构形式,通常选用砖或石材作为砌墙材料,因此也称砖石结构。随着混凝土材料的大量使用,该结构演变为砖混结构(见图 2.80)。如果上述承重墙体全部采用钢筋混凝土,则称为剪力墙结构。墙承重结构由于具有良好的强度和刚度,常应用在多、高层建筑中。

(2)柱承重结构

柱承重结构的特点是:柱子是传力构件,属于“线”构件(见图 2.81)。这种结构形式由来已久,中国古代的木结构建筑,无论是穿斗式还是抬梁式,多属于柱承重结构,其内外墙仅起围护和隔断的作用,因此素有"墙倒房不倒"的说法。柱承重结构在现代建筑中的应用也极为普遍,但材料换成了混凝土或钢材。现代的柱承重结构,往往以柱、梁、板组成框架体系,称为框架结构。柱承重结构的内部柱列整齐,空间敞亮,可以根据需要设隔墙或者隔断。

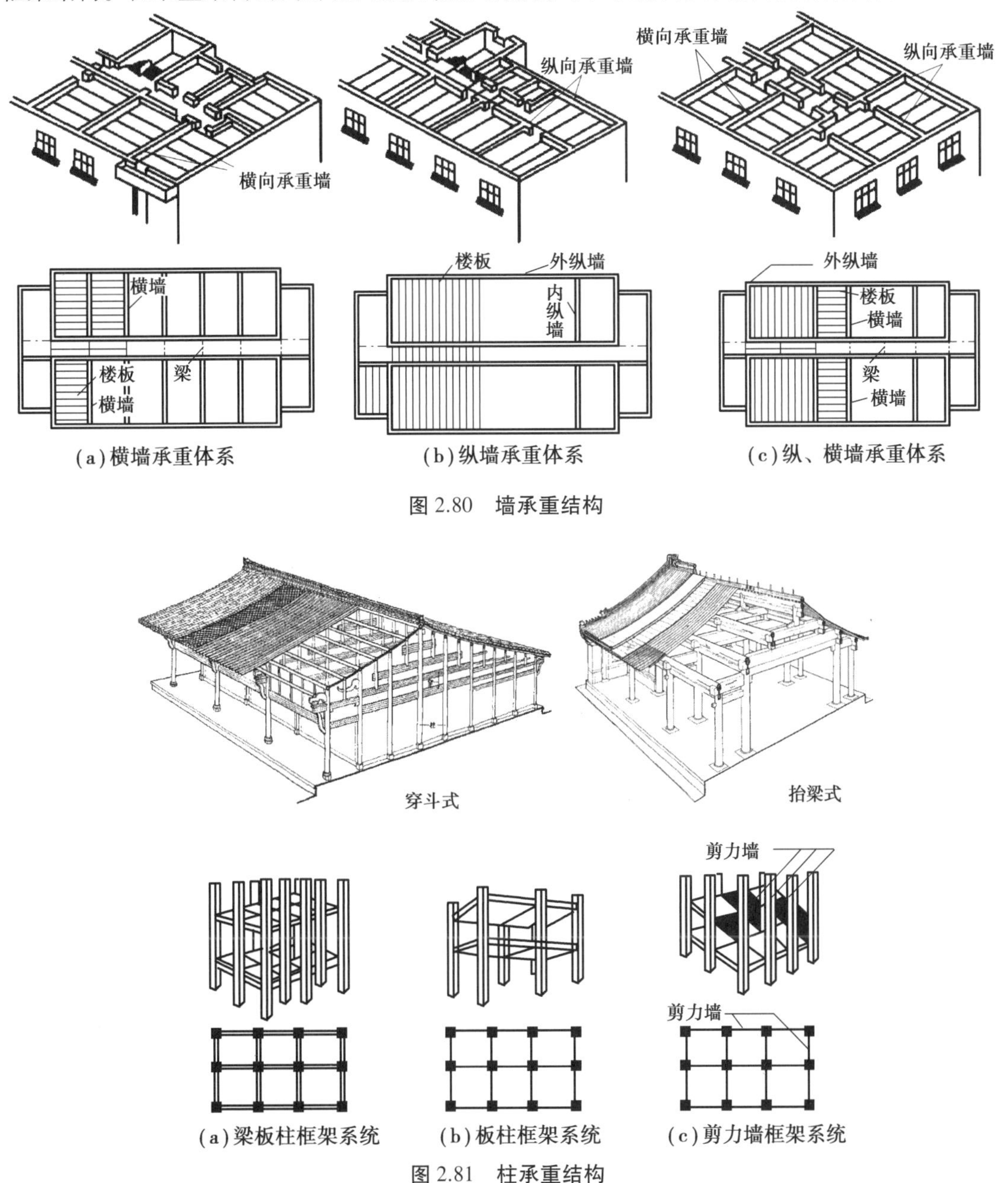

图 2.80 墙承重结构

图 2.81 柱承重结构

2)屋顶形式

由于现代新材料和新技术的运用,使得建筑的屋顶千姿百态,除了平屋顶,建筑中还有其他各式各样的屋顶(见图 2.82 和图 2.83)。所以,建筑师在结构选型时,也要重视建筑屋顶类型的选择。

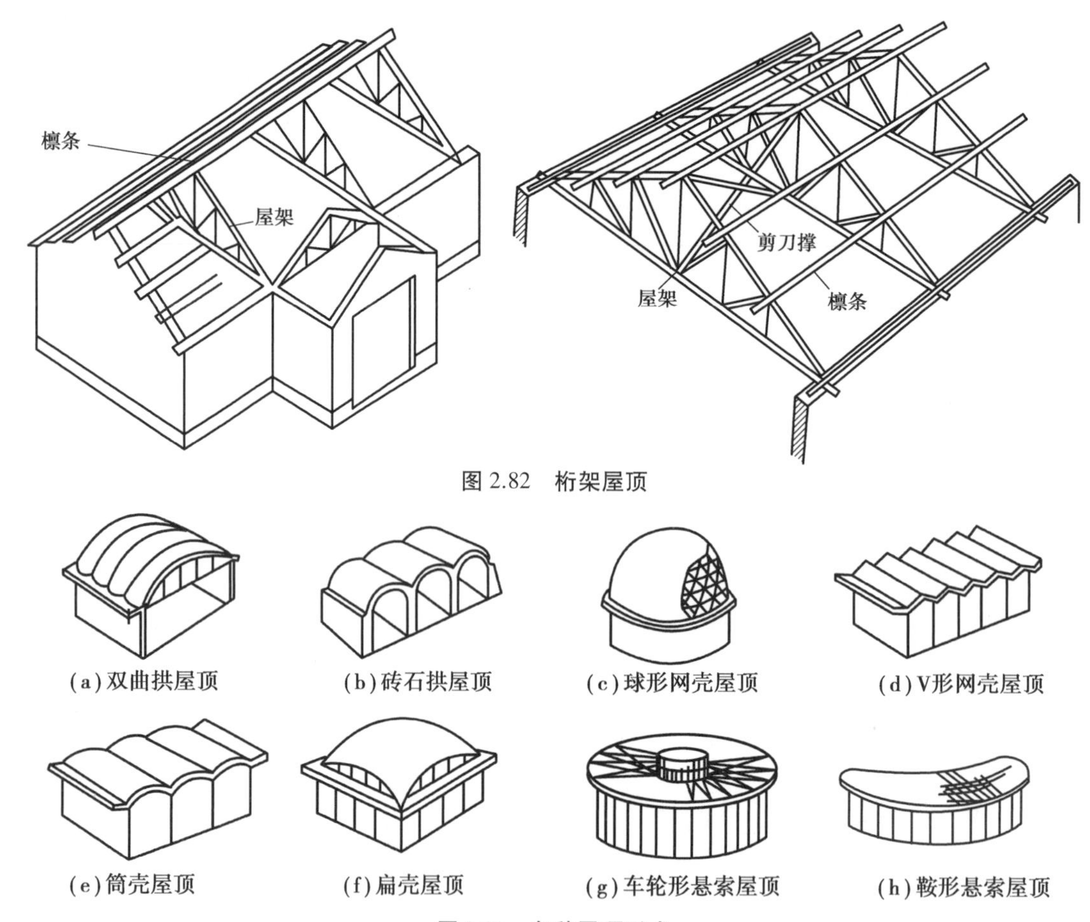

图 2.82　桁架屋顶

(a)双曲拱屋顶　(b)砖石拱屋顶　(c)球形网壳屋顶　(d)V形网壳屋顶

(e)筒壳屋顶　(f)扁壳屋顶　(g)车轮形悬索屋顶　(h)鞍形悬索屋顶

图 2.83　各种屋顶形式

①桁架屋顶。桁架是由直线杆件按照几何关系组合成三角形或四边形单元的平面或空间结构,杆件所受的力均为轴向拉(压)力,以充分发挥材料的力学性能。我国传统建筑的木屋架就是三角形桁架。

②拱屋顶。拱是按照几何曲线用砖石砌筑或用混凝土及其他新型建筑材料构筑而成的,拱体一般受轴向压力。由于拱结构具有优越的力学表现,可以形成很大的跨度,所以多应用在墙体、柱顶、屋顶、桥梁上。

③壳体屋顶。由曲面性的薄板组成的空间结构,这些薄板多有钢筋混凝土做成,也可用钢、木、石、砖或玻璃钢组合而成。壳体具有优越的传力特点,可以较小的厚度形成较大跨度的屋顶结构,如悉尼歌剧院。

④网架屋顶。网架是由多根钢杆件按照一定的网格形式,通过节点连接而成的空间结构,其特点是杆件受轴向力,质量小而刚度相对较大,适合工业化加工组装。

⑤悬索屋顶。是由柔性的拉索和边缘固定构件组成的屋顶结构。拉索由钢丝束、钢绞线、钢管等材料组成。悬索屋顶使用材料少,跨度大,造型轻盈。

⑥膜结构屋顶。膜结构也称索膜结构或张拉膜结构,是采用高强薄膜通过钢杆件、钢索预加张拉应力而形成的新型建筑。膜结构屋顶外形自由,轻巧柔美。

当然,以上介绍的很多屋顶类型比较适用于大跨结构,对于别墅(小型建筑)而言,还应根据经济、适用的原则认真选择。

2.4.3 结构布置

建筑设计时,除了为满足使用功能而进行平面和空间的布置以及塑造美的外观和屋顶外,进行合理、经济的结构布置也同样重要。前面描述的结构类型在结构的布置上应遵循以下设计要点:

1)砖混结构

砖混结构是一种墙承重结构,墙体材料采用砖砌体,楼面则采用钢筋混凝土楼板和梁。出于抗震的需要,大部分砖混结构的楼板体系采用混凝土现浇结构,以获得较好的整体刚度。现浇楼板的厚度受到跨度和荷载影响,为使板厚不至于过大,往往采用梁来分隔楼板。根据梁的受力特点和作用不同,又分为主梁和次梁。次梁的作用在于把楼板自重尽量均匀地分布到主梁上,所以次梁的布置是把楼板均匀分隔成相互平行的几个部分,而主梁则将板和次梁的力再传递给墙体,传至基础,这就是砖混结构的受力原理。

梁的截面高度会影响空间的净高,所以在建筑的剖面图设计中应予以重点考虑。混凝土楼板的结构厚度通常为 100 mm。对一般民用建筑而言,主梁的经济跨度为 5~8 m,主梁的高度一般为跨度的 1/10;次梁的跨度一般小于主梁的跨度,高度通常为其跨度的 1/14。板的厚度一般不小于其跨度的 1/40。楼板的长边和短边之比小于 2 时,称为双向受力板,否则称为单向板。即使其短边是支撑在梁或墙上,也可以忽略墙、梁对板的约束作用。

2)框架结构

框架结构的受力原理与砖混结构相似,只是力被最终传给了柱子而非墙体。因此,框架结构的内、外墙也称填充墙,是不承重的。与砖混结构不同的是,框架柱通常也是现浇混凝土,所以能和梁板结构共同组成整体性极好的框架体系(见图 2.84)。

在有抗震要求的建筑中,往往优先选用框架结构而不是砖混结构。当然,砖混结构可以通过一些加固措施来满足抗震需要。另外,框架结构的楼板体系一般是连续现浇的,这样的楼板及梁称为连续板及连续梁。

钢筋混凝土框架结构在我国现阶段普通民用建筑中比较常见,是用得最多的一种结构形式。它通过钢筋混凝土梁柱体系支撑起建筑,而分隔空间的墙体是不起结构作用的。其最为著名的原型,当属柯布西耶的多米诺结构体(Domino)。该结构中,柱与柱之间的距离称为跨度,这个数值通常在 10 m 以下时属于经济跨度,超过了这个数值时,我们会开始考虑其他的结构形式,比如钢结构。

3)剪力墙结构

这种结构的特点与砖混结构很相近,但其整体性比框架结构更强,剪力墙不但起到普通墙体的承重、围护和分隔的作用,还承担了作用在建筑物上的大部分的地震力或风力,因此能够抵抗更大的地震力、风力,所以多用于高层建筑。

4)砖混结构、框架结构与剪力墙结构的优缺点比较

框架结构使用寿命长,可改变空间大小并灵活分隔,整体质量小,刚度相对较高,抗震性能强,但造价高于砖混结构,且工程要求高,施工周期较长,因此框架结构适用于大部分建筑类型。而砖混结构多用于住宅、小开间办公楼、旅馆等中小型建筑,建筑层数一般不超过 7 层。剪力墙结构的刚度要比框架结构的更大,因此可以建造的建筑高度更大。剪力墙结构不如框架结构开敞明亮,空间大小受到一定限制。

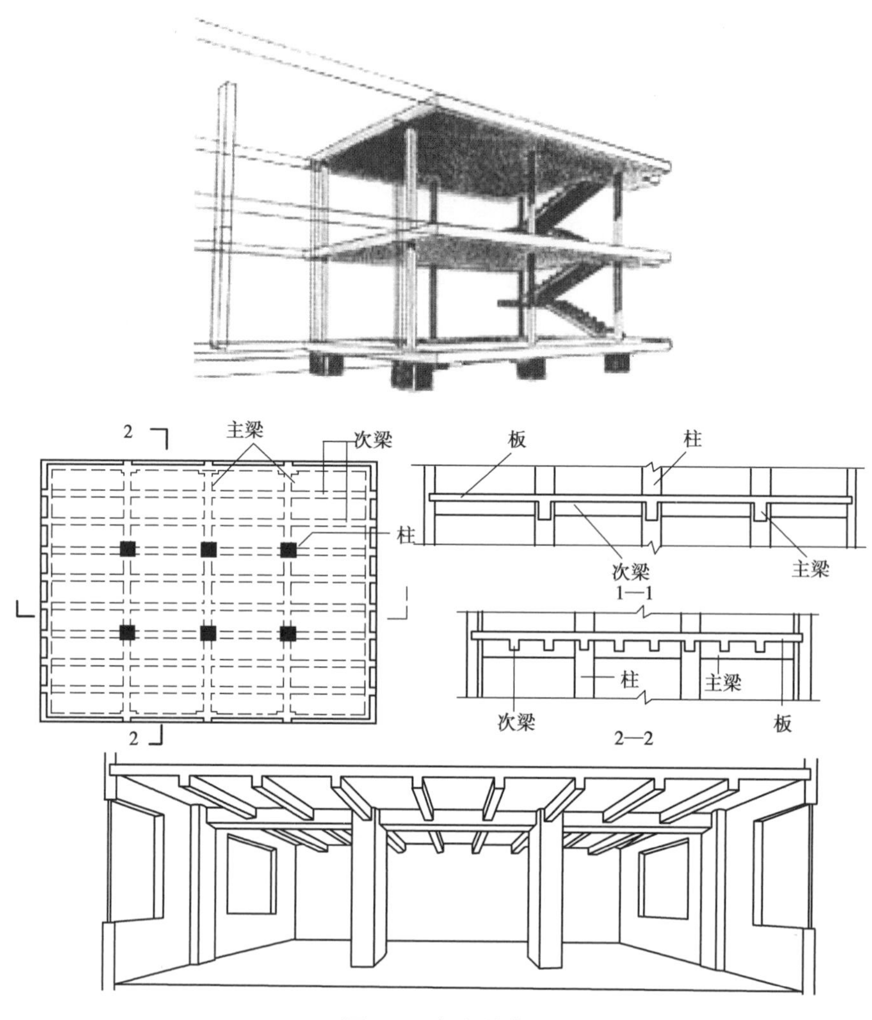

图 2.84　框架结构

综合框架结构和剪力墙结构两种结构的特点,可形成一种墙柱共同承重受力的形式,即“框架-剪力墙”结构,它既有框架结构的灵活空间,又具有较强的刚度,在此不予展开描述。

5)关于悬挑与悬臂

完整的楼板体系一般是由四边支承的,其端部由墙或柱支撑。但在日常生活中,我们经常看到一些“出挑”的结构,如阳台、雨篷、篮球架、体育场的看台等,这种结构称为悬挑结构。悬挑结构的梁、板称为悬臂梁、悬臂板。一个悬臂结构,可以是伸出来的一只手,也可以是一只翅膀。换句话说,悬臂是物体外伸悬在空中的部分。一棵树的树枝就是悬臂,鸟的双翅是悬臂,峻峭倾斜的岩石也是悬臂,可见这并非不寻常的结构形状,而是与大自然紧密相关的(见图 2.85)。

设计合理的悬挑结构,除了满足使用要求外,还有美化外观的作用,甚至还可以起到受力、变形的平衡和调节作用,赖特的流水别墅就是最好的例子(见图 2.86)。

别墅外阳台的结构,在钢筋混凝土结构体系下可悬挑 2~2.5 m(属于经济跨度),悬挑 3 m 在现在也算比较常见了。当然还有其他的悬挑结构形式,使用钢结构可以轻易实现更大跨度(二三十米),以及更小的梁高与跨度比(1/30~1/20)。

图 2.85 卡拉特拉瓦手稿

图 2.86 流水别墅

6）结构布置的优化

有时由于使用空间的需要，在一个大空间里为了增加室内的净高而必须减少梁的高度，此时可以将其设计成"无梁结构"和"井字梁结构"（见图 2.87）。前者是把板厚加大并在柱顶加"柱帽"，使之形成无梁的厚板结构，但造价相对较高；后者则刚好相反，减小板厚，并布置双向均匀等跨等高的梁，形成"井"字，整齐的方格外观相当美观，无须吊顶装修，但缺点是施工略显复杂且空间平面只适用于方形。

总之，在结构设计方面，我们需要经过长期的学习、实践，才能逐步掌握分析和优化的方法。

图 2.87 无梁结构，井字梁结构

3

别墅设计案例分析

“案例分析”是以理论知识为基础,采取特定方法,对典型对象进行分析研究,达到阐述、巩固、理解和掌握相关知识的目的,从而为建筑设计提供科学的、逻辑的、优化的设计依据。这一研究方法将普遍理论与典型案例相结合,重点突出,针对性强。案例分析的对象包括建筑师、建筑流派、建筑思想、建筑技术、建筑作品等各方面的建筑问题,而在本章中研究对象则是别墅建筑作品。

在设计开始之前进行案例分析,一方面,能够有效地在思维中建构同一类型建筑的空间形象;另一方面,针对性的案例分析能够为后续的设计提供解决问题的思路。案例分析具有的积极作用使其成为设计方法论的重要组成部分,在建筑设计教学中也应该进行相应的案例分析训练。建筑是如何产生的?建筑师如何在空间和深度范畴内运用形状、构成、明暗、平衡、色彩、运动、材料等表达方式?本章将从不同层面去分析,努力寻找建筑的思想核心和它形成的逻辑轨迹,找到建筑作品的发展脉络,而不是片面地、表面地去理解建筑,这样的教学能促使学生就如何有效认识“建筑”展开思考。在学习过程中,全面了解并把握建筑师们的建筑思想和他们的建筑特点和语言手法等,能帮助大家建立一个基本的建筑观,也使学生能够感受建筑基本问题的具体化解决。

以上对案例分析在建筑设计课程的应用作了简单的叙述,它的重要性不言而喻,但对于它的应用却是一个长期的过程。经典分析模式的改进和研究建立在对建筑的认识和建筑自身发展的过程中,而方法的改进和研究也与此相关并受到实际需要的制约,这就要求大家不断地顺应建筑发展动态,以研究和设计为契机,洞察新的建筑现象,探索建筑内在的规律性,在此基础上形成有效的分析方法并运用到实际设计过程中,寻求建筑设计的改进和突破。

3.1 国外经典别墅解读

3.1.1 柯布西耶——萨伏伊别墅

1)建筑师背景

勒·柯布西耶,法国建筑师、都市计划家、作家、画家,20世纪最重要的建筑大师之一(见图3.1)。他与密斯·凡·德·罗、赖特以及格罗皮乌斯并称为四大现代建筑大师,是现代建筑派或国际形式建筑派的主要代表。他主张把住宅看作工业产品,所谓"住宅是居住的机器"。勒·柯布西耶一生游移于古典主义、机器文明、民俗文化三者的矛盾冲突与融合之中,探索如何通过具体的建筑形式和空间构成,超越实用功能的狭隘观念,追求诗学美的理念,最终想要创造并实现人类的和谐生活。其代表作有朗香教堂、马赛公寓等。

图3.1 勒·柯布西耶及萨伏伊别墅

2)建筑概况

萨伏伊别墅建于1928年至1929年间,为钢筋混凝土结构,位于巴黎近郊普瓦西四面环绕森林的平缓草地之上,是柯布西耶为担任保险公司董事的皮耶·萨伏伊先生设计建造的用于家人和朋友周末度假的别墅。这是一个完美的功能主义作品,是柯布西耶建筑设计生涯中最为杰出的建筑作品之一,以后他大部分作品的设计都是以此为基点的。

别墅宅基地为矩形,长约22.5 m,宽为20 m,建筑共3层。别墅的形体简单,外观轻巧,空间通透,表面上看起来平淡无奇,没有什么太多的装饰,完全不同于早前中世纪时期的建筑给人的那种造型沉重、空间封闭、装修烦琐的古典豪宅印象。它的外部装饰采用白色粉刷(白色是柯布早期最爱用的色彩,或许与地中海之旅有关,纯洁、神圣、充满阳光,让人感觉到"透明的时间"),唯一可以称为装饰部件的是那个长条形水平排窗。虽然建筑表面平整,形体也比较简单,但从不同的方向看过去,都可以得到完全不同的印象,这使建筑外观显得甚为多变。这种不同不是刻意设计出来的,而是内部功能空间的外部体现。从这幢建筑中我们可以看到现代主义建筑精神的体现,包括简单的外部装饰和对使用功能的重视。

3）建筑空间体系

萨伏伊别墅在设计上与以往的欧洲住宅大异其趣。第一视觉冲击是一个方盒子，简单至极，这是因为首层由细小的柱子支起房屋，在视觉上形成了幻视。柯布西耶作为一名艺术家，热爱在设计作品中使用几何图形和立体体块作为创作的开始。底层（柱托的架空层）三面透空，由支柱架起，顺着落地的弧形玻璃窗进去，内有门厅、车库和佣人房，左边是旋转楼梯。二层有起居室、卧室、厨房、餐厅、屋顶花园和一个半开敞的休息空间，是由一层柱子支起而形成的托起的生活空间，远离了车流噪声和街市喧哗，就像一个"漂浮"的空中花园。这一想法来自设计师年轻时参观修道院获得的宁静生活体验而形成的关于理想生活的原型。三层为主人的卧室和屋顶花园。柯布在早期的多个别墅设计中都使用了屋顶花园的概念，他认为屋顶花园是补偿自然的一种方法，意图是恢复被房屋占去的地面。各层之间以螺旋形楼梯和折线型坡道相联系，建筑室内外都没有装饰线脚，应用了一些曲线形墙体来增加围合的变化（见图3.2和图3.3）。

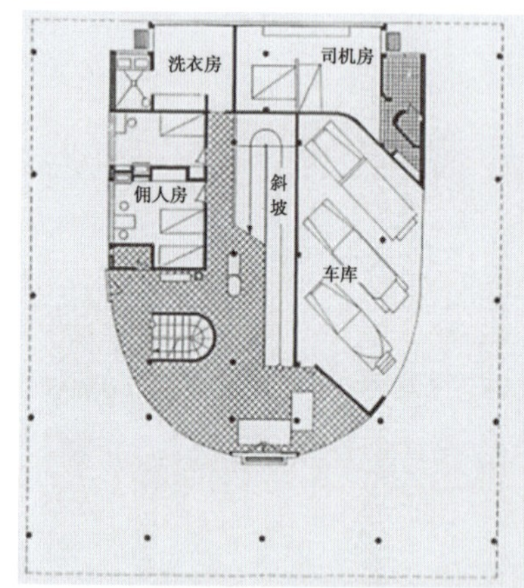

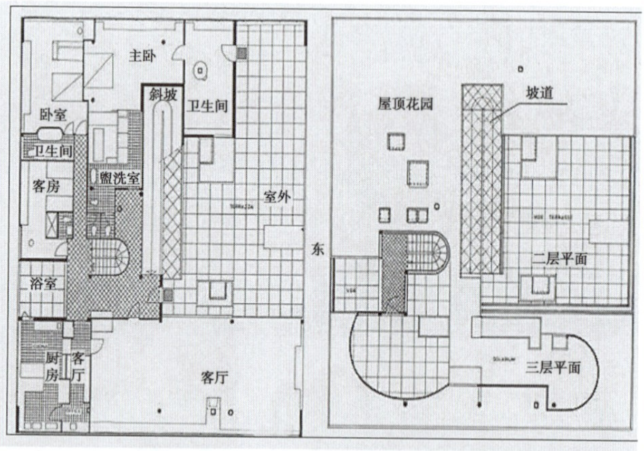

图 3.2　各层平面图

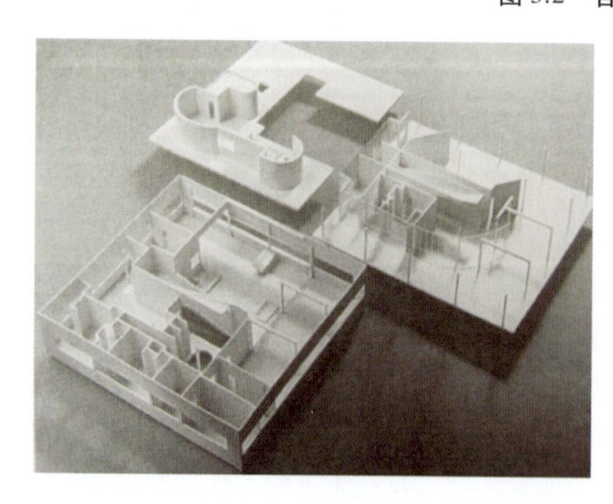

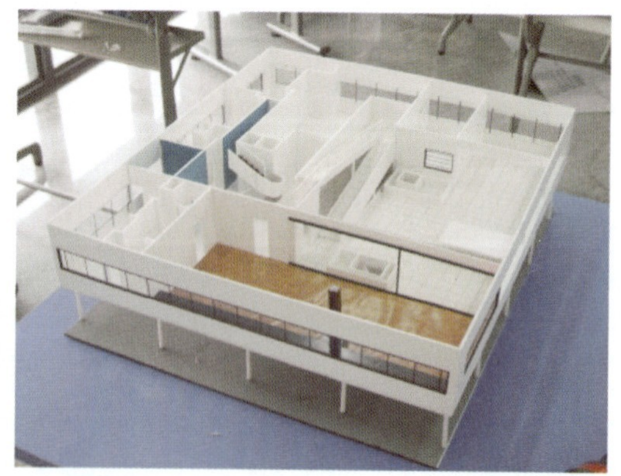

图 3.3　建筑模型

萨伏伊别墅轮廓简单，水平长窗平阔舒展，外墙光洁，无任何装饰，但光影变化丰富。别墅内部空间丰富，如同一个内部精巧镂空的几何体，又好像一架复杂的机器。建筑采用了钢筋混凝土框架结构，平面和空间布局自由，空间相互穿插，内外彼此贯通。

4)建筑结构体系

别墅采用钢筋混凝土框架结构,承重柱立于网格交点处。梁、板、柱的框架结构让柯布西耶有了极大的发挥余地,这也是现代建筑五要素(底层架空、自由立面、横向长窗,自由平面,屋顶花园)的根本。正是采用了这样的结构,才会有底层的架空、自由分割的墙以及自由开启的采光窗(见图3.4)。

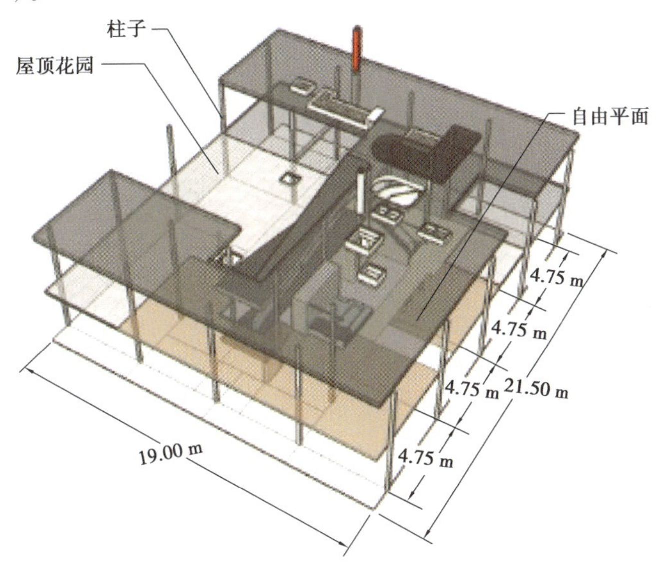

图3.4　结构体系

5)建筑立面体系

别墅外墙比柱子的外缘多挑出一步,立面仿佛从承重结构浮凸出来,强调了建筑凌空飞架的态势,隐喻人类借助技术挣脱自然束缚的意义。建筑立面的黄金比例分割,使建筑立面给人以视觉美感。立面遵循12°的基准线,控制了楼层和主要部分的大划分,也控制了中央坡道的坡度、条形窗的位置、窗格的大小等(见图3.5)。

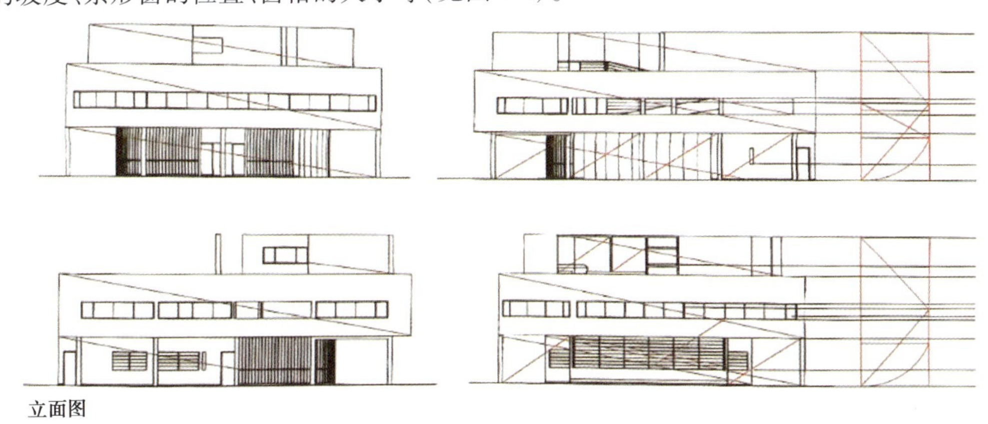

图3.5　立面分析

6)建筑交通动线体系

内部交通流线不做捷径直趋,而是在曲折的流线中体验空间多样性。为了强调空间的自然流动,柯布在别墅室内使用螺旋形的楼梯和贯穿于各层的中央坡道,打破了传统单元房间之间的关系。坡道的扶手采用雪白的实心栏板,这条白色螺旋曲线贯通着楼内各层,让视线在各个楼层之间连续流动起来。

7)建筑材料运用与细部处理

萨伏伊别墅的细部处理全是柯布创新设计的体现,归纳如下创新点:

①模数化设计——这是柯布西耶研究数学、建筑和人体比例的成果,现在这种设计方法已广为应用。

②装饰风格简单——相对于之前人们常常使用烦琐复杂的装饰方式而言,其装饰可以说是非常简洁的。

③用色纯粹——建筑外部装饰完全采用白色,这是一种代表新鲜、纯粹、简单和健康的颜色。

④开放式的室内空间设计。

⑤专门对家具进行设计和制作。

⑥动态、非传统的空间组织形式,尤其是使用螺旋形的楼梯和坡道来组织空间(见图3.6)。

图3.6　楼梯和坡道、屋顶花园

⑦屋顶花园的设计——使用绘画和雕塑的表现技巧来设计屋顶花园。

⑧车库的设计——采用特殊方法组织交通流线,使得车库和建筑完美结合,既使汽车易于停放,又使车流和人流交错。

⑨雕塑化的设计——这是勒·柯布西耶常用的设计手法,这使他的作品常常体现出一种雕塑感。

3.1.2　阿尔瓦·阿尔托——玛利亚别墅

1)建筑师背景

阿尔瓦·阿尔托,芬兰现代建筑师,人情化建筑理论的倡导者,同时也是一位设计大师及艺术家(见图3.7)。他倡导人性化建筑,主张一切从使用者角度出发,其次再考虑建筑师个人的想法。他的建筑融理性和浪漫为一体,给人亲切、温馨之感,而非大工业时代的机器产物。同时,他有意将芬兰当地的地理和人文特点融入建筑中,形成独具特色的芬兰现代建筑。其主要的创作思想是探索民族化和人情化的现代建筑道路。他认为工业化和标准化必须为人的生活服务,适应人的精神要求。他所设计的建筑平面灵活,使用方便,结构构件巧妙地化为精致的装饰,建筑造型娴雅,空间处理自由活泼且有动势,使人感到空间不仅是简单地流通,而且在不断延伸、增长和变化。其代表作品有珊纳特赛罗市政中心、德国埃森歌剧院等。

图 3.7 阿尔瓦·阿尔托及玛利亚别墅

2)建筑概况

玛丽亚别墅是阿尔托古典现代主义的巅峰之作,是受古里申夫妇委托于 1936 年设计的私人别墅,位于努玛库一个长满松树的小山顶上。不甚宽广的视野穿过树木可以看到一道河流,那里有一座锯木厂。古里申夫人玛丽亚是当时芬兰最大的工业家族之一——阿尔斯托姆的继承人,这个家族拥有芬兰大量木材、矿藏、水力资源、木夹板厂、玻璃厂、造纸厂、塑料厂等。

别墅四周是一片茂密的树林,阿尔托采用经典的"L"形平面塑造出一个长方形庭院(见图 3.8),既利于北欧房子的保暖,又有北方人所需的安全感,室外的半围合空间,既便于生活、起居,又容易与自然环境结合。建筑内精心安排起居和服务空间,体现阿尔托出于人情化角度的考虑。在满足功能要求的前提下,采用了"流动空间"的手法,设计出的空间自由灵活,其连续性富有舒适感。

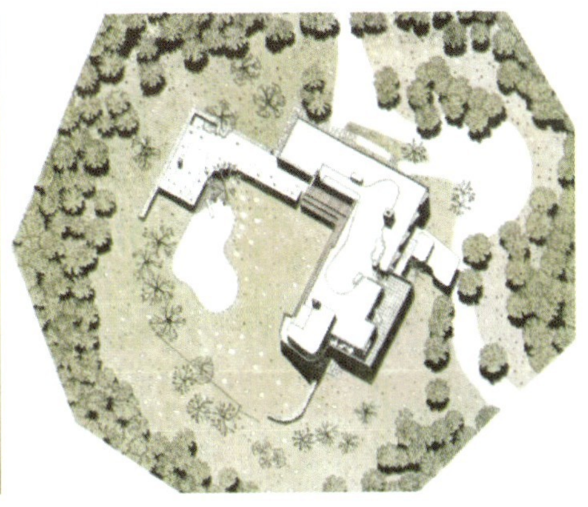

图 3.8 玛利亚别墅外观及总平面

3) 建筑空间体系

玛丽亚别墅形态总体以大的几何形体块为主,呈现出有几组"L"形建筑围合形成的"U"形区域,我们在帕米欧肺病疗养院、阿尔托自宅等作品中都能看到这种手法的运用。别墅设计中具有创新的地方是把梁、柱的自由度和传统材料巧妙结合起来:曲线的入口雨棚、船形画室和曲线的游泳池使得建筑的线条更自然流畅、变化,而不是像其他现代主义大师那样拘泥于单调严肃的几何形体。这种形式上的变化应该说也是建筑功能上的需要,它是人情化设计对形式处理的直接反映。

别墅在入口旁边为三层,面向花园的为两层,一层作为公共空间,二层则设计为全私密性空间。"L"形的别墅和横放着的桑拿房、不规则的游泳池围合成一个庭院。桑拿房位于院子一角,连接着过廊,一道"L"形毛石墙强调了院落空间。桑拿浴一翼为芬兰杉木,游泳池也没有基础,由混凝土外壳组成,像一条船漂浮在其下的泥土上。建筑底层包括一个矩形服务区域和一个正方形的大空间,其中有高度不同的楼梯平台、接待客人的空间、由活动书橱划分出来的书房和琴房。公共空间和私人起居空间由中间的餐厅和降低的入口门厅分隔开来,除服务区之外整个空间都是敞开的。位于起居空间内的楼道直达二层的过厅,过厅把二层的游戏区、夫妻卧室和画室分开,游戏区连接四个小卧室和餐厅上方的室外楼台,其余则是佣人房和储藏室(见图 3.9 至图 3.11)。

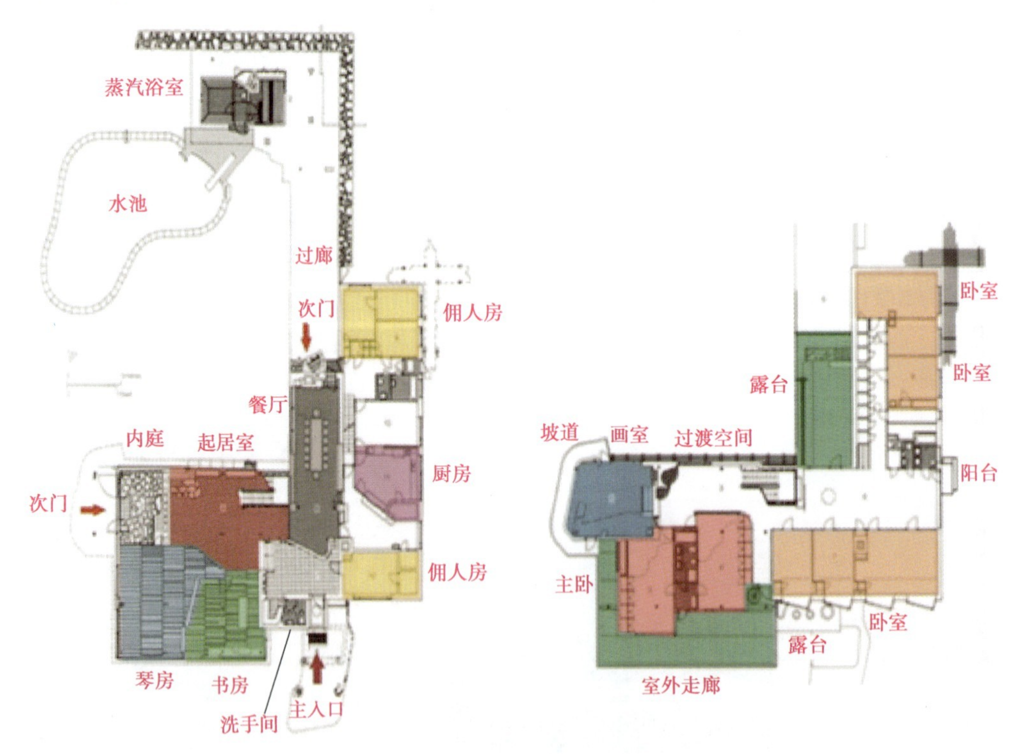

图 3.9　各层平面图

图 3.10 玛利亚别墅模型

图 3.11 起居室和书房

4)建筑结构体系

这座建筑的特别之处在于二层平面布局和底层有着很大的区别,在建筑结构上没有必然的联系:红色为上下对齐的墙体,是支撑结构;黄色为二层有而一层无的墙体;蓝色为一层有而二层无的墙体。建筑的西北侧主要由墙体承重,此处分布的是卧室及厨房、佣人房等,私密性较高;东南侧主要为柱承重,分布有起居室、画室、书房、音乐室等,开放性较高。部分柱子并非严格上下对齐,有的一层是并撑的双柱,而到了二层则成为单柱,落在一层双柱的中心。楼板厚度达 400 mm,这样可以使柱间距增加,也使平面布置更加灵活(见图 3.12)。

5)建筑立面体系

波形面是阿尔托设计手法的一大特征,画室的外形使用这种手法主要是考虑功能因素,但同时也为建筑艺术塑造了新的空间形式,产生了动态,隐喻着自由、奔放的性格。在立面色彩和质感的处理上,设计师运用了不同的设计手法,力求使别墅外观自然、独特。比如,二层的画室是从底层升起的一座塔楼,外表覆着深褐色木条,立面的其他部分是白色砂浆抹灰,产生了动态感。同时,木材本身的纹理颜色也有细微变化,看上去不那么单调呆板(见图3.13)。强化与弱化是阿尔托在处理建筑与环境关系时常用的方法,他使用纯净的白色墙面弱化与天

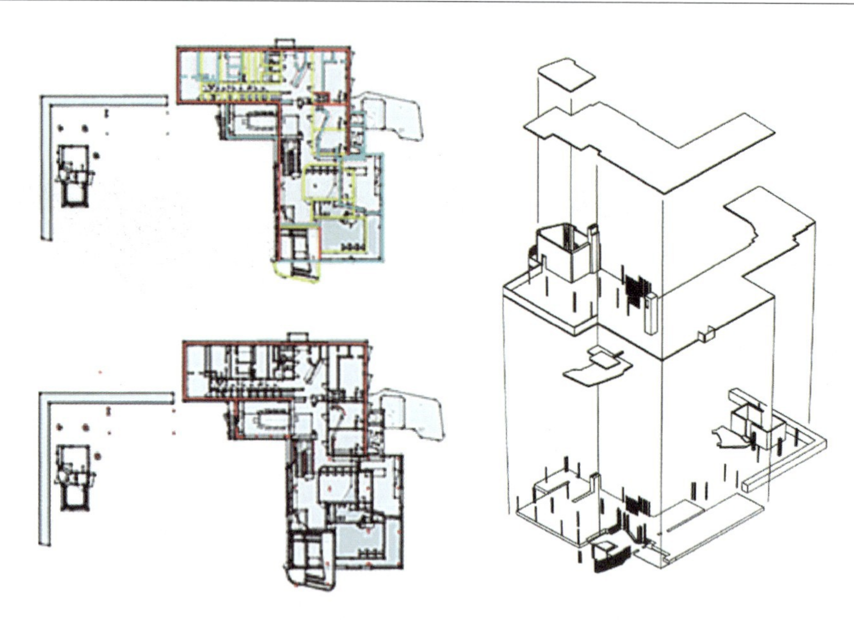

图 3.12　**结构体系**

空的界限,而参差不齐的开窗方式强化与树林的呼应,这一强一弱,就将建筑完美地融合在环境里。体量的弱化与秩序的强化在阿尔托的作品中也经常使用,他试图把建筑的总体量表现为若干片段,弱化对环境的影响,这些片段再以某种秩序结合,反映出建筑的空间是由许多平面或实体所构成的。总之,建筑立面考虑创造出细腻、明确、富有节奏的外观效果。

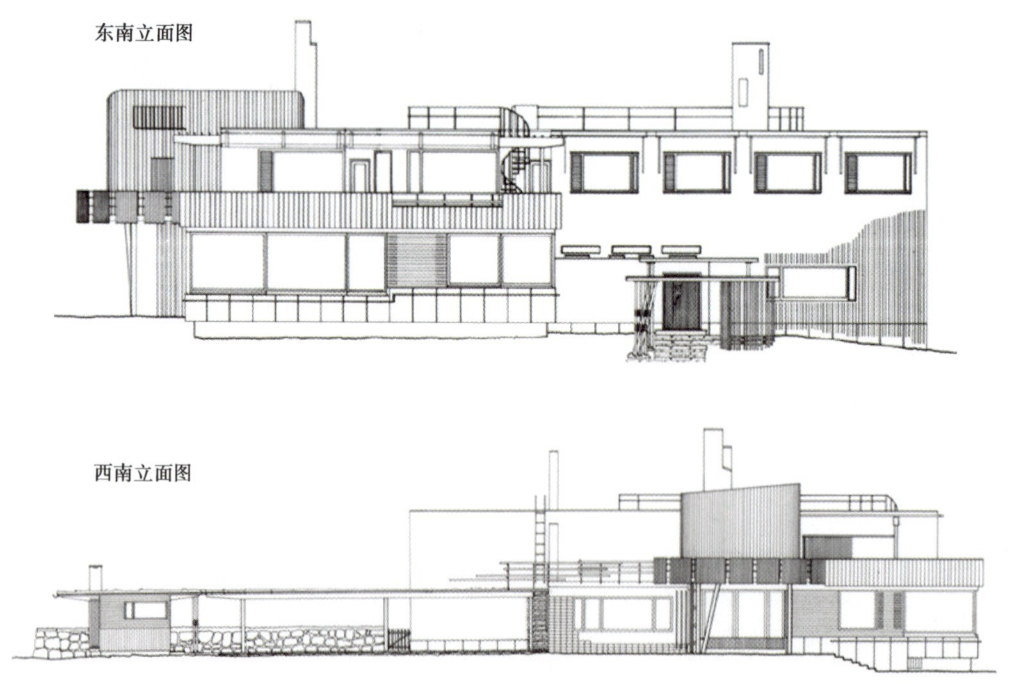

图 3.13　**立面图**

6)建筑交通动线体系

首先从外部来看,从远处进别墅是一条弯曲的路,这与建筑的曲线轮廓相呼应。主入口就设在路边上,另外还有两个次入口,一个入口主要是从室内去室外院子的,而另一侧的入口是从室内去往桑拿房的,因此,我们可以感觉到别墅的外部交通使用是很方便的。“L”形建筑的前、左、右方都设了门,从内部交通流线来看,从主入口进入的第一个房间是门厅,门厅的左侧是开放空间——起居室,右边是相对私密的空间——厨房和卧室。左侧直接有门通往内院,很开放,而右边开窗很小,临着街,相对私密。门厅的正前方为餐厅,餐厅里有门直接通往后面的廊子,通过这样一个长长的空间,在室内一层就有两条路线通往室外,非常方便。在会客后或就餐后,人们都可以去内院走走。

从一楼到二楼有三个楼梯,一个是从一楼的私密空间往二楼去的;另一个是从起居室往上去的,有很好的视野;第三个是从起居室去往室外的,比较小,因为那楼梯是专用的,只供主人去往二楼画室所用。二楼有露台,围着画室和主卧有一圈狭长的廊道,这样主人或者客人休息和起床时都可以很好地感受户外景色。另外,二楼还设有去往屋顶的圆形楼梯。

7)建筑材料运用与细部处理

在材料的运用上,阿尔托使用诸如木材、砖块、石头、铜以及大理石等当地材料资源,同时也利用天然光线进行自然的衔接,风格实在而且连贯。外部饰面和室内装饰都反映木材特点,铜则用于点缀,表现精致的细部。他对材料特性有自己的认识,擅长寻找材料与空间构造的关系。

玛利亚别墅使用的材料主要有(见图3.14):

图3.14 室内材料

①木条:用于楼梯间、廊柱、画室及餐厅的外墙、挑台。

②碎石:用于楼梯面。

③白色砂浆抹灰:用于大部分墙面。

雨篷在形式上采用自由曲面,雨水池、画室和地面景观形成呼应。未经修饰的小树枝排列成柱廊的模样,雨篷的曲线自由活泼,从浓密的枝叶中露出一角,颇有乡村住宅的味道。位于一层起居室壁炉一侧的减法雕塑设计上,情绪化的细部使得墙面转角看上去不那么笨拙生硬(见图3.15)。

图 3.15　细部设计

3.1.3　密斯——吐根哈特别墅

1）建筑师背景

路德维希·密斯·凡·德·罗，德国建筑师，著名的现代主义建筑大师之一（见图 3.16），他的贡献在于通过对钢框架结构和玻璃在建筑中应用的探索，发展出了一种具有古典式的均衡和极端简洁的风格，提出“少即是多”的理论。其作品特点是整洁和骨架明露的外观，灵活多变的流动空间以及简练而制作精致的细部。其代表作品有巴塞罗那世界博览会德国馆，范斯沃斯住宅等。

2）建筑概况

吐根哈特别墅是密斯于 1928—1930 年在捷克斯洛伐克布尔诺城建造的，第二次世界大战期间曾遭损坏，1995 年成为国家的纪念馆和博物馆。业主吐根哈特先生和夫人来自犹太人的家庭，在此居住了 8 年。

图 3.16　密斯及吐根哈特别墅

从街道的高处看，这栋房子就像是个低陷着的标准矩形；从地面看，便会在二层看到它简化的空间入口。别墅最初的设计观念是“自由移动的空间”。所谓自由，可以假设为这房子面向花园而没有室内外之分，让立面成为虚体，使室内空间并不仅仅只局限在这约 230 m^2的建筑物内。房子与绿地融合而无边界，两侧玻璃墙完全开放通气，里外一体（见图 3.17）。

图 3.17　别墅总平面及外观

3）建筑空间体系

建筑位于北临公路、南面绿化的坡地上，别墅的北面为较密集的建筑群，南面为较开阔的绿地。建筑的主入口和次入口都在北向，南面有个大台阶通向草地。

一层起居室中的“流动空间”模式最早体现在 1923 年的乡村住宅方案，既不封闭房间，也不暗示房间体积，而是在空间中展现动态。设计师将起居室的流动空间以清晰完整的玻璃体量呈现，别墅在其一侧设立的条形庭院也被整合到统一的玻璃体量中，不再利用石材墙围合，从而最大限度地使室内外空间地边界弱化甚至消除（见图 3.18 至图 3.19）。

一层设有起居室、书房、餐厅、厨房、备餐室、保姆房；二层设有儿童房间、客房、主卧室、车库、司机房。二层作为主人的卧室和客房，要求有较强的私密性，因此设计为绝对的私密空间，从平面上分隔出 3 个住宿空间，其余部分为宽敞的看台。这样的设计，不仅使住宿的环境中多了很大的活动空间，还使私密视角减少了很多。

4）建筑结构体系

建筑总长约 40 m，总宽约 24 m。别墅横向有 7 个开间，其中 6 个开间由十字形截面的钢柱承重，从而给空间和墙体以自由，形成开敞空间。

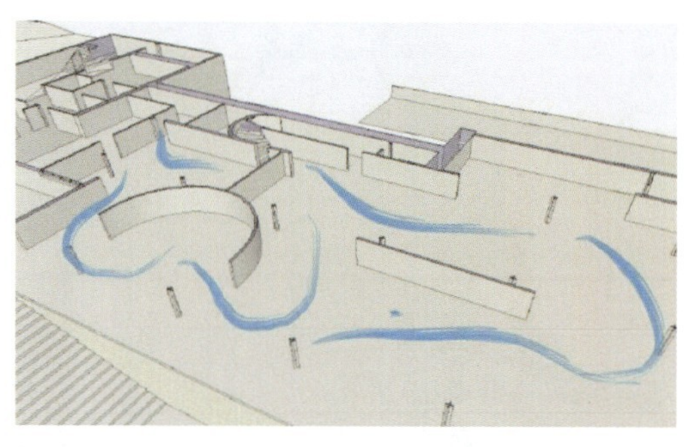

图 3.18　吐根哈特别墅建筑模型

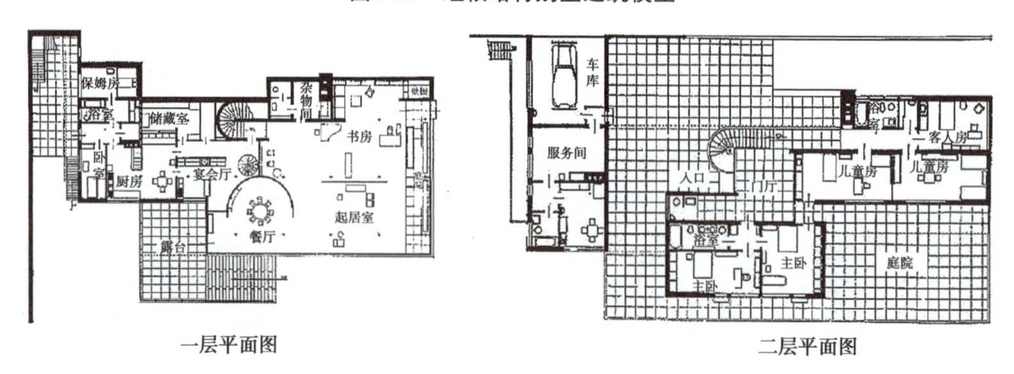

图 3.19　平面图

5）建筑立面体系

从立面上看，别墅采用大型的长条玻璃窗，模糊了室内与室外边界，使内外交融成一体。一层的窗面积明显大于二层的窗面积，而且一层是规则的整块落地玻璃。这就表现出它的特点：一层面向花园，通过大面积的玻璃窗形成开敞的大空间；二层主要集中布置私密性的卧室空间，所以窗的面积小（见图 3.20）。

6）建筑交通动线体系

别墅坐落在倾斜的土地上，南面面向公用绿地。由于地处斜坡，落位有一点困难，因此将主入口以及车库均放在临街的二层，入口隐藏于墙壁和奶白色的半弧形的主楼梯玻璃围栏之间。通过楼梯下到一层，并因地形营造了一个通透的空间，通过平台和踏步可以直接通向花园，使室内外互相流通。除去这条主要的交通流线，其余分支分别进入室内各个地方，主要进入卧室等起居空间。而最具有特点的一层大空间，其流线就相对自由一些，但存在一定的秩序（见图 3.21）。

7）建筑材料运用与细部处理

空间的优美形象不仅源于它设计的简洁，而且还在于细部处理的精致，比如原色的羊毛地毯，以及猪皮和灰绿色皮的椅面都处理得十分协调。在家具的使用上，密斯喜欢为住宅设计家具，包括经典的巴塞罗那椅，专门为吐根哈特设计的吐根哈特椅、布尔诺椅及金属藤椅等（见图 3.22）。

东立面图

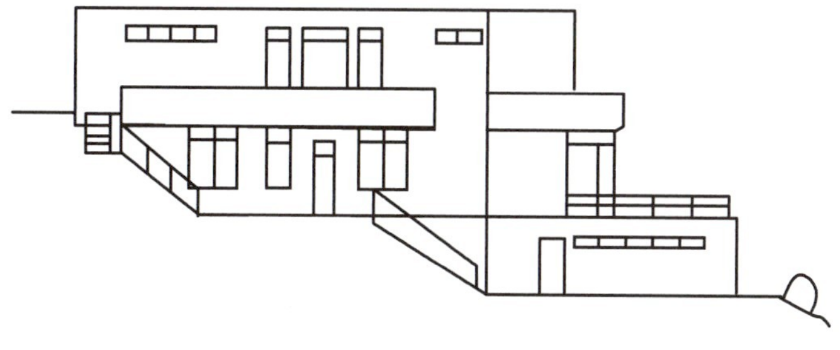

西立面图

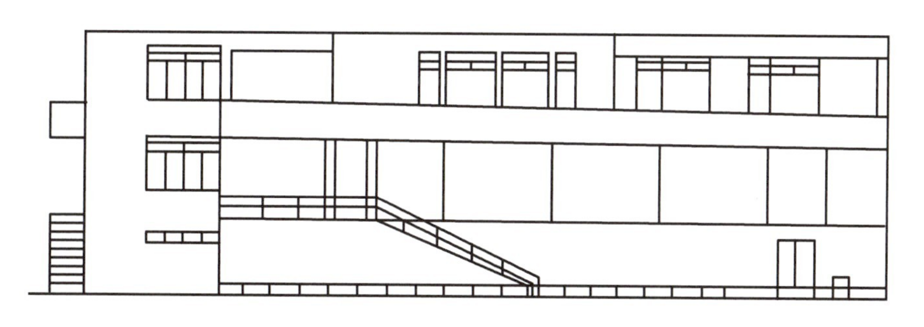

南立面图

图 3.20　立面图

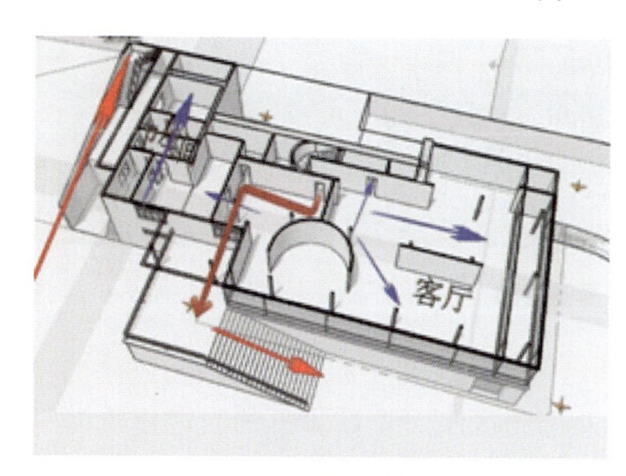

一层流线分析图

二层流线分析图

图 3.21　流线分析图

图 3.22 别墅室内

3.2 国内优秀别墅赏析

3.2.1 隈研吾——竹屋

1) 建筑师背景

隈研吾是日本著名的建筑设计师，曾获得国际石造建筑奖、自然木造建筑精神奖等，著有《十宅论》《负建筑》。其代表作品有马头町广重美术馆、那须石头博物馆、长城脚下公社——竹屋、"水/玻璃"和 1995 年威尼斯双年展"日本馆"等，其建筑融合古典与现代风格为一体（见图 3.23）。

图 3.23 隈研吾及竹屋

2) 建筑概况

项目情况："长城脚下的公社"是设计在北京北部山区水关长城脚下的当代建筑博物馆，是由 SOHO 中国有限公司和亚洲地区的 12 位著名建筑师合作建造的，竹屋便是其中的 7 号别墅（见图 3.24）。这座建在狭窄的山岩之上的建筑，姿态舒展，与环境浑然一体。设计师大量运用竹子这一简单而质朴的材料，将中国传统建筑风格和日本建筑的空间感有机结合，体现东方文明的精神气质和艺术风格。

建筑面积：719.18 m^2。

建筑层数：2 层（地上 1 层、地下 1 层）。

结构形式:钢筋混凝土结构,部分钢结构。

图 3.24　竹屋外观

3)建筑空间体系

竹屋所处的基地是一块斜坡,设计师并没有将它推平,而是将细长的平面小心翼翼地放在原有斜坡上,依地势层叠起伏,形成一个完整的连续体。竹屋有 6 间带有独立卫生间的卧室,开放式的厨房与餐厅比邻,两个客厅互通互连。室内空间几乎完全敞开,通过过道、楼梯巧妙地形成了各个功能区(见图 3.25)。

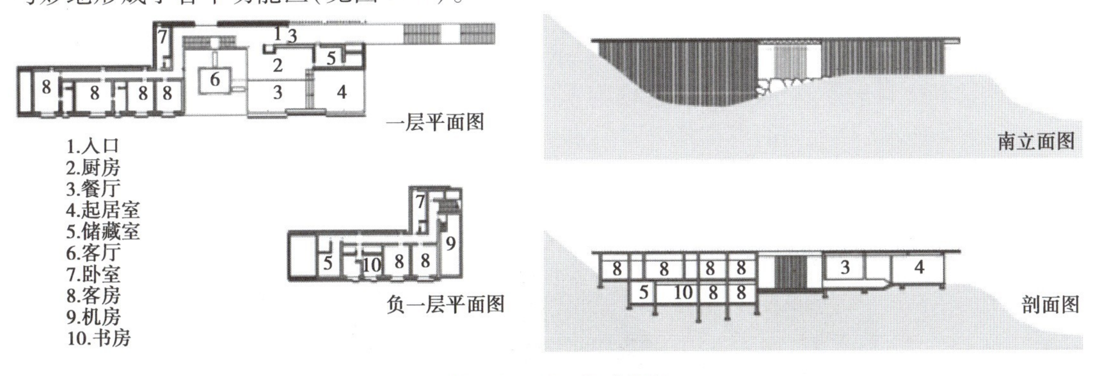

图 3.25　平、立、剖图

从平面上看,起居区和交流空间都放在入口附近,卧室这些私密空间都放在里边,用交通空间将这两部分相连。从入口进来,一边通向起居生活区,一边通向卧室私密区,两边分开,互不影响。穿插在整个建筑之中的竹隔栅实际上将整体空间分割成了不同的小空间。玄关两旁的竹子装饰将虚空间隔开,引导人从室外进入室内,同时将无关空间屏蔽。餐厅与起居室相连,长方形的空间也有利于交流和交通。西侧的居室空间结构非常清晰,一条走廊串联起四间卧室。

大多数人都无法掩饰对竹屋的喜爱,尤其是那间由悬垂的纤纤细竹搭建的茶室,十多平方米的茶室就仿佛漂在水上,光线就是它的层次,随着太阳而发生魔术般的变幻。不是那种隔开一切的严实的水泥墙,只是一排排能够透视外界的竹竿,似隔非隔、似断非断。这是一种在对立中产生的对话的中性虚空,即“没有实体的空间”——可流动的、无形的空间,形成一个供人思考的“内向”空间(见图 3.26)。

4)建筑结构体系

结构形式主要采用钢筋混凝土结构,部分为钢结构,竹子虽不是结构材料,但它是唯一的装饰材料。

图 3.26　茶室

5）建筑立面体系

从立面上看，二楼起居室区域朝向东面，南面大部分采用了落地大型玻璃窗，使居住者能很好地欣赏到大自然的风光，模糊了室内与室外的界限，使内与外相互交融为一体。卧室区简单地开着方形窗，使外围的可推拉式竹门有效地营造了外立面的装饰效果。外立面由巨大落地玻璃和纤纤细竹构成，日出日落，日光从不同的角度入射室内，经过竹林与玻璃的几次反射，形成不同的光影景观（见图 3.27）。

图 3.27　立面效果

6)建筑交通流线体系

拾级而上,从室外走进别墅内部,玄关的左手边便是起居生活区(餐厅、厨房、起居室等),径直向里走便通向卧室私密区。茶室正好将两边区域分开,互不影响,茶室旁边的楼梯是通往地下层的(见图3.28)。

图3.28 楼梯

7)建筑材料运用与细部处理

钢、竹、玻璃、石这四种材料并存且对比着,以竹占最大分量,不均衡但又协调着。提高竹子耐久性是细部处理的主题——加长屋檐(约出挑1.7 m)来防雨。对竹子进行约280 ℃的热处理来杀死竹子里寄生的微生物,再涂满油。竹子经过这些处理之后,颜色发生变化,与周围景观更加协调。一部分支承墙为双层玻璃,形成盒状,在里面填入羽毛,以增强隔热性能。竹屋又是体现着条理性的,每根竹的粗细基本相同,排列间距也存在规律(见图3.29)。

图3.29 细部图

隈研吾先生早先在日本就有一件竹屋作品，据说当时是用了一个技术专利，把混凝土灌到打通了芯的竹竿儿里，以提高竹竿儿的承重能力，并防止竹竿儿开裂造成结构上的安全隐患。但长城脚下的竹屋不是这样设计的，整个房子结构上还是采用钢筋混凝土，墙面采用大面双层落地玻璃，全通透，唯独卧室部分是混凝土实墙。天花上没有吊顶，直接一排竹竿儿排过去，就把管道遮住了；屋檐、玻璃墙立面外面也排一排竹竿儿，既起着调节室内光线的作用，又满足了隐私需求。白天和黑夜，竹屋都呈现出不同的光影之美、韵律之美（见图 3.30）。

图 3.30　光影

3.2.2　张永和——山语间

1）建筑师背景

张永和，非常建筑工作室的主持建筑师，北京大学建筑学研究中心主任、教授（见图 3.31）。他的建筑是理性的产物，正如他自己所言的“含蓄空间”“非常建筑”。他对建筑空间的理解、认识直至营造是暧昧的、含蓄的、经验与体验交并的。其代表作品有二分宅、十年大事记馆等。

图 3.31　张永和及山语间

2）建筑概况

建造时间：1998 年。

建筑面积：430 m^2 左右。

地理位置：北京怀柔区境内，在长城的脚下。

业主：SOHO 中国的董事长潘石屹及其妻子张欣。

用途：与友人相聚，慧享诗意自然。

结构：钢梁柱结构，原有梯田的挡土石墙被重砌，其他界面均使用透明玻璃。

地形：基址位于一处坡地上，该山坡位于山谷中，山坡的方向是东高西低。南面为南北向山坡，坡上有数棵白桦树。建筑部分所覆盖的山坡高差有 2 m，北侧与当地原有的数栋砖结构民房之间以一堵挡土墙分隔（见图 3.32）。

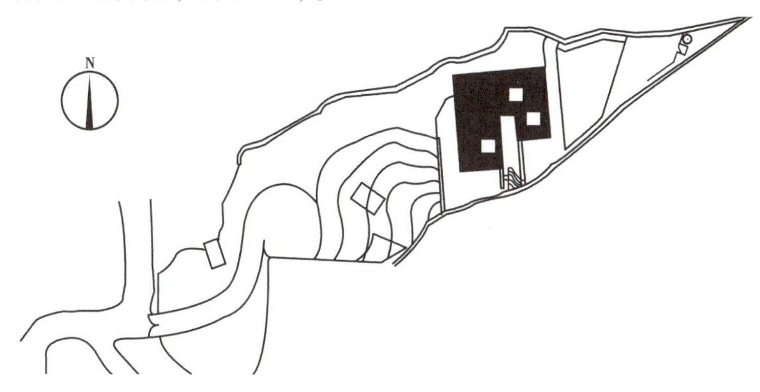

图 3.32 山语间总平面图

3）建筑空间体系

在山语间中，开敞的大空间并未被分割成小空间，而是在大空间内创造小空间。这种灵感是源于一幅古代西画，画中的大空间中置入了一个大家具，家具起了分割空间的作用。大空间作为主要空间，有客厅、交通、餐厅等功能，公共性很强。而小空间作为辅助空间，大多以厚墙的形式出现，里面有厕浴、储藏、壁炉等用途。厚墙的高度达不到大空间的顶棚，所以不破坏大空间的完整，形成了"屋中屋"的形式，而且富有动感，从这点看，密斯的流动空间对张永和的影响不小。"屋中屋"的概念通过屋面上突出的三个阁楼被进一步延伸，三个阁楼是客人卧室，它们坐落在不同高差的厚墙上，这形成了梯田山坡写意的重建，而且给人提供了一个与风景独处的机会。

主人与客人共同使用的空间主要是平台、客厅、交通、餐厅，都在一层。客人独立使用的空间主要是二层阁楼，作为他们的卧室（见图 3.33 和图 3.34）。

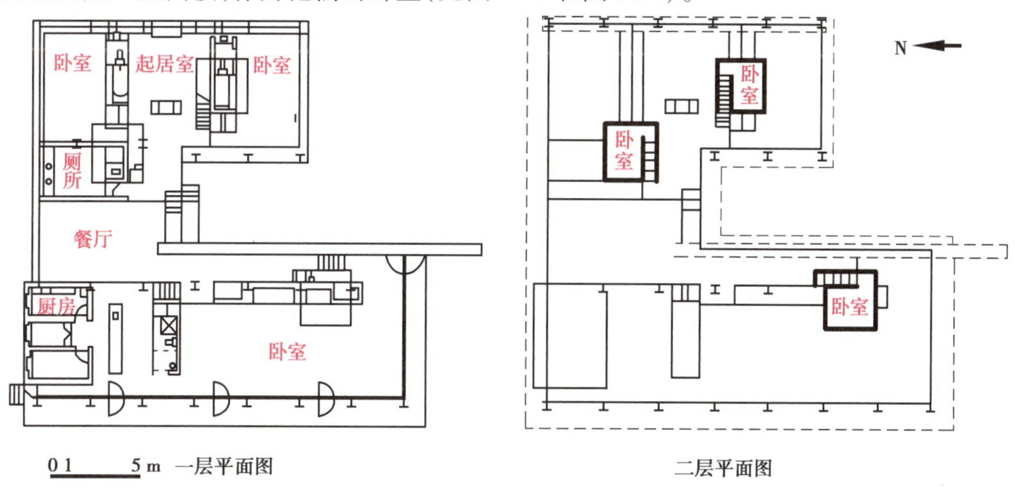

图 3.33 平面图

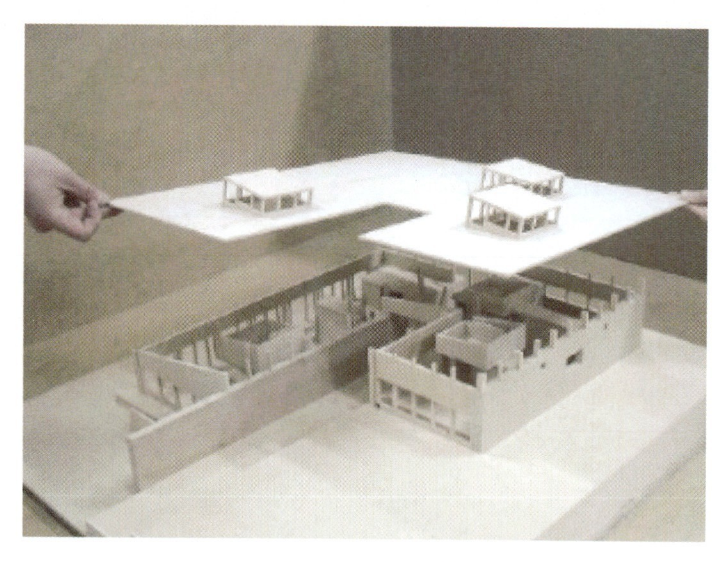

图 3.34 建筑模型

建筑的室内外空间通过窗与墙的关系演绎出来。是用窗还是用墙来过渡外与内，取决于观景、私密、采光等这些因素。内向空间是张永和的至爱之一，如庭院或中庭，在空间外边界的明确限定下，其内在空间追求透明性和丰富的层次感。

黑白两个空间各有不同的特点。白空间为日间使用为主的空间，主要发生动态活动，与室外在交通流线即视线上关系较为紧密，它主要集中在建筑的西侧，也就是主立面，同时也是主入口一侧。西侧主要分布有室外平台、起居室、厨房、餐厅等房间，西立面为玻璃围护，来自南方和西方的充足阳光带给室内很好的采光，加上户外的平台，很适合环眺景色、开宴会，或一边享受着温暖的阳光一边和客人聊天，主要满足业主与友人相聚的需求，整个空间氛围是外向的。黑空间以夜间使用为主，主要集中在一层的东部和二层。一层的两间主人卧室以及一个较为私密的小起居室构成了这一比较静态的空间组合，这一区域通过高差和楼梯很明显地与白空间划清了界限。可以说，从二、三级高差出现的第一级楼梯开始，就已经进入黑空间了。但黑空间依然有着良好的朝向和外部环境，靠近南侧的主人卧室不仅能接受来自南和西两个方向的阳光，而且面对着一个小内院，在视线上也有足够的空间。随着地面高度的层层提升，私密性也逐步加强，从第一个层面的起居室，到第二个层面的餐厅，再到第三个层面的卧室，空间的私密性是递进的。直至二层，客人卧室与一层的关系在高度上发生了质的变化，与内部空间的关系是最为疏远的，也可以看作是最私密的。

4）建筑结构体系

别墅的整个结构都以钢梁柱、砖墙、石墙为主体，在结构与建构上，与宾纳菲尔德的建筑有着十分密切的联系。整个钢框架体系中的柱、主梁和次梁都采用不同型号的工字钢，以寻求建筑语言上的纯粹和统一。西立面屋檐下承重的工字型钢柱与只起围护作用的玻璃门窗在窗棂的位置对应但却与其有一定距离，以提示内部结构框架与外部围护墙之间的分离（见图3.35）。

5）建筑立面体系

山语间的立面有大量的长窗，设计师就是用国画的构图来强调其窗外景色的中国性。窗

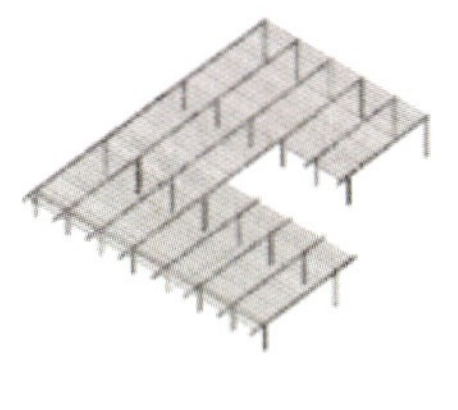
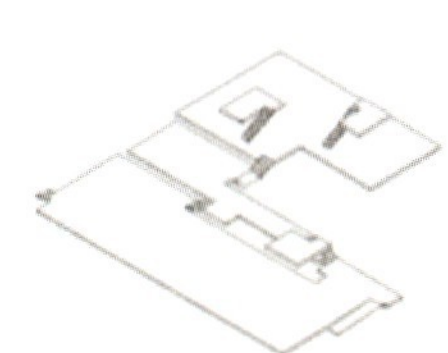
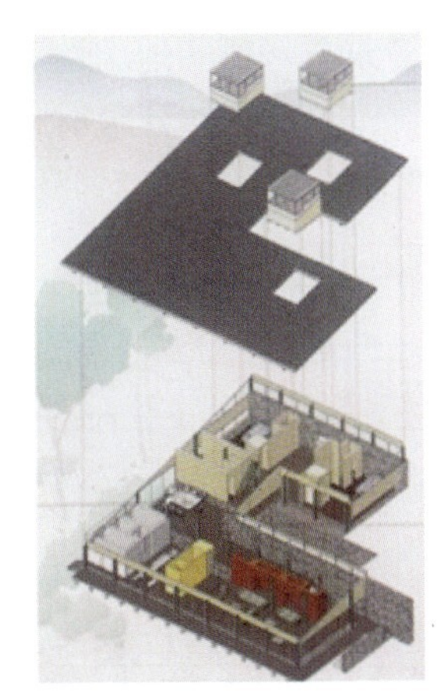

图 3.35　结构体系

户多于实墙，使得室内外空间模糊了界限，建筑隐遁于自然环境中，与环境达到高度积极的结合，人在屋内，就如同在一把撑开的伞下观望风景。根据建筑空间的私密性程度变化，窗户的高度和形式也有所变化，西立面是主入口，所以设一片落地窗。此外，二层的三个阁楼的立面也几乎是透明的，即使是睡觉休息，辗转反侧间也都能看见美丽的景色。而且从立面的虚实构成来看，它与平面的构成是神似的，虚中有实，呈带状（见图 3.36）。

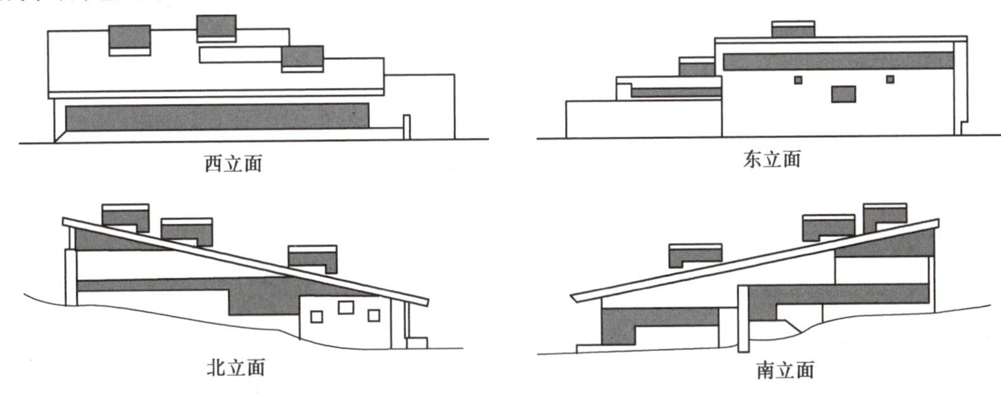

图 3.36　立面——窗

工字钢柱是山语间立面构成的重要因素之一。尤其是在建筑的西立面（主入口方向），一排长长的柱子把挑出的屋檐托起，既可作遮阳，也方便排水，还结合有意抬高的平台，形成完整的檐廊“灰空间”（见图 3.37）。这灰空间一则保护了结构和墙体；二则使屋身立面由多个层面组成，带来流动的感觉，使室内外空间形成了柔顺的过渡。

6）建筑交通流线体系

山语间的流线是“树枝状的”，以一条主要交通作为主干向前延伸，分支便以时间为顺序先后向外延伸，层层递进。这与交通组织倾向于垂直向度围绕中心的直接伸展不同，它更像东方古典民居的交通组织方式——水平向度的幽思通达。客人起居与主人起居空间基本互不干扰，只有南面卧室门口有客用楼梯经过，可能会对主人的休息造成一定程度的影响（见图 3.38）。

7）建筑材料运用与细部处理

山语间的建筑空间与坡屋顶设计很好地回应了场地特征，材料的本土化、当地化使用更加凸显建筑与场所的地域性。设计师采用了怀柔当地的青灰色石材铺地，还有木质楼梯、木质框架、砖墙等，这些建筑材料源于自然，具有良好的生态性。整个建筑周围的环境是一片山色，建筑又融合于自然，对环境的影响降到了最低(见图3.39)。

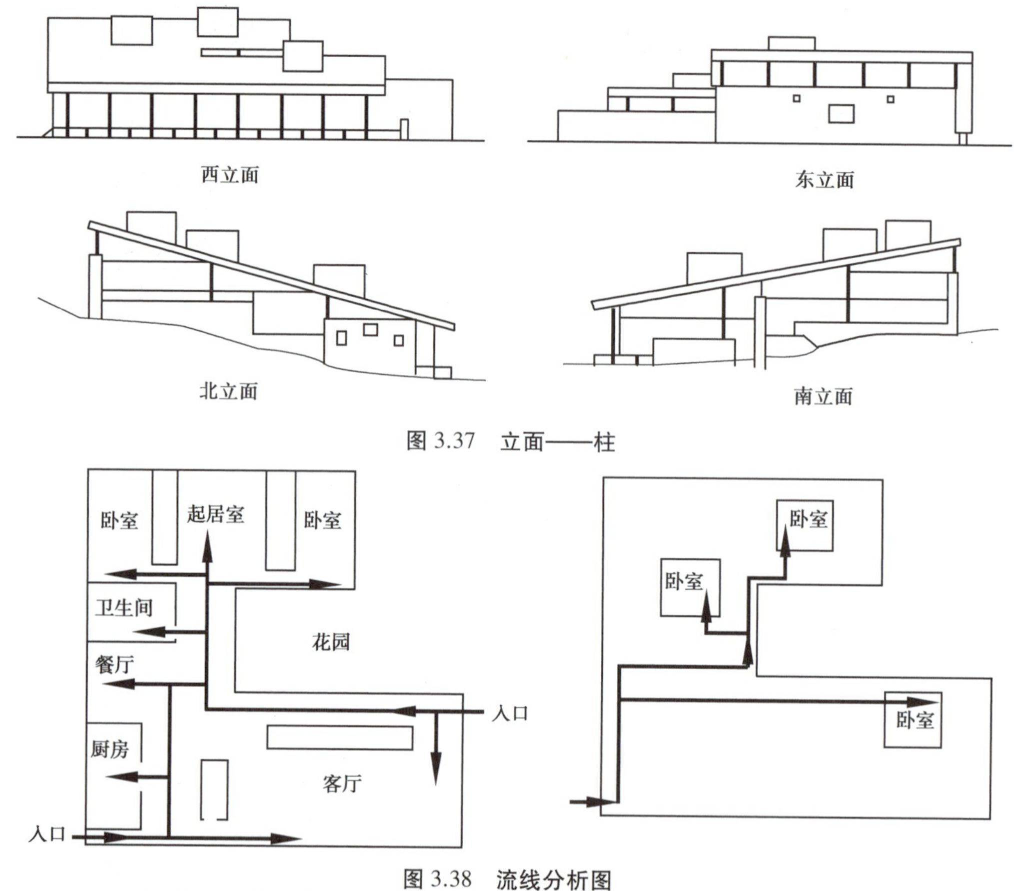

图3.37 立面——柱

图3.38 流线分析图

图3.39 材料与细部

相关规范及图解

本章主要结合别墅设计相关的设计规范，从术语、总平面设计、功能房间设计、日照通风要求、防火疏散规定、经济技术规定几个方面阐述别墅设计必须遵循的基本规定，供设计方案构思和深化阶段参考。

本章相关参考规范如下：

GB 50096—2011《住宅设计规范》

GB 50016—2014《建筑设计防火规范》

GB 50352—2005《民用建筑设计通则》

GB 50353—2013《建筑工程建筑面积计算规范》

4.1 术　语

4.1.1 基本定义

(1)围护结构

围护结构是指围合建筑空间的墙体、门、窗。

(2)半地下室

半地下室是指房间地面低于室外设计地面的平均高度大于该房间平均净高的1/3，且不大于1/2者。

(3)地下室

地下室是指房间地面低于室外设计地面的平均高度大于该房间平均净高的1/2者。

(4)架空层

架空层是指仅有结构支撑而无外围护结构的开敞空间层。

(5)凸窗

凸窗是突出建筑物外墙面的窗户。

(6)安全出口

安全出口是供人安全疏散用的楼梯间和室外楼梯的出入口,或直通室外安全区域的出口。

(7)封闭楼梯间

封闭楼梯间是在楼梯间入口处设置门,以防止火灾的烟和热气进入的楼梯。

(8)防烟楼梯间

防烟楼梯间是在楼梯间入口处设置防烟的前室、开敞式阳台或凹廊(统称前室)等设施,且通向前室和楼梯间的门均为防火门,以防止火灾的烟和热气进入的楼梯间。

4.1.2 相关指标

(1)建筑面积

建筑面积是指建筑物(包括墙体)所形成的楼地面面积,详细的计算方法参见《建筑工程建筑面积计算规范》。

(2)容积率

容积率是指在一定范围内,地上建筑面积总和(不包括地下建筑面积)与用地面积的比值(注意不是百分比),见图 4.1。

$$\frac{\text{地上总建筑面积}}{\text{可建设用地面积}} = \text{容积率}\left[\begin{array}{l}\text{若建筑物层高超过 8 m,在计算容积率时该层建筑面积}\\ \text{加倍计算(各个地区或城市有各自的相关规定)}\end{array}\right]$$

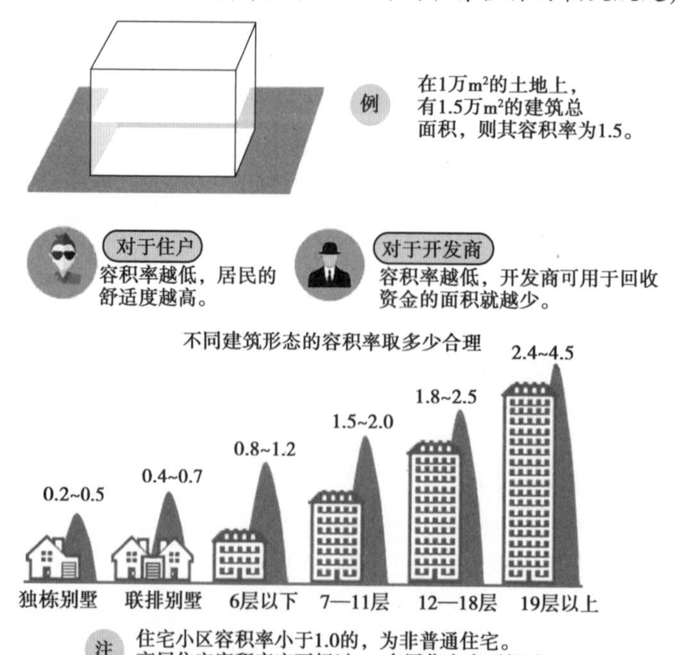

图 4.1　容积率

(3)建筑密度

建筑密度是指用地红线内,建筑物的基底面积总和与总用地面积的比例(%)。

(4)绿地率

绿地率是指用地红线内,各类绿地总面积占用地总面积的比例(%)。

$$\frac{\text{绿地面积}}{\text{土地面积}}=\text{绿地率[新区建设的绿地率不应小于30\%]}$$

注意:购房人要注意开发商常宣传的绿化率≠绿地率,实际为绿化覆盖率。

绿化覆盖率>绿地率,包括树影等。

(5)层高

层高就是建筑物各层间以楼、地面面层(完成面)计算的垂直距离。需要特别注意的是:屋顶层由该层楼面面层(完成面)至平屋面的结构面层或至坡顶的结构面层与外墙外皮延长线的交点计算的垂直距离(见图4.2)。

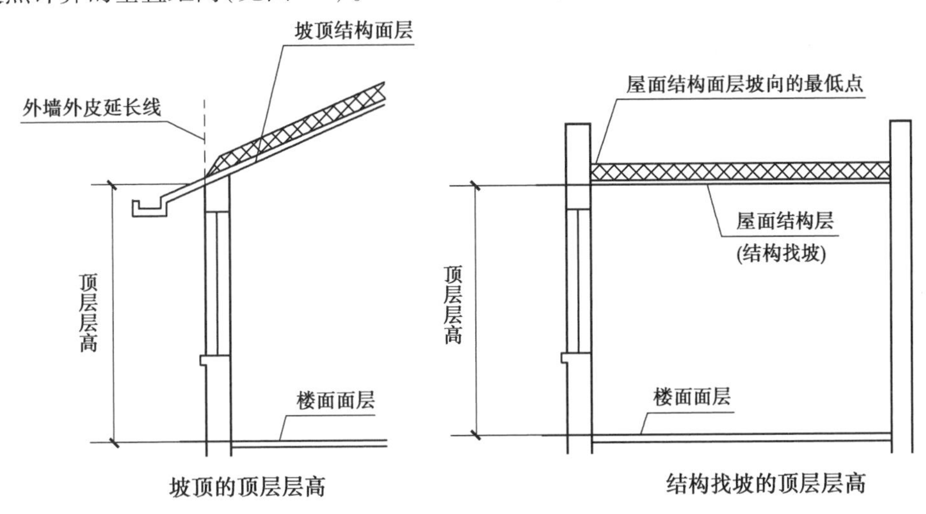

图4.2　顶层层高计算示意

(6)室内净高

室内净高是从楼、地面面层(完成面)至吊顶或楼盖、屋盖底面之间的有效使用空间的垂直距离。

(7)建筑层数

住宅楼的层数计算应符合下列规定:

①当所有楼层层高不大于3.00 m时,层数应按自然层数计;有一层或若干层的层高大于3.00 m时,应对大于3.00 m的所有楼层按其高度总和除以3.00 m进行层数折算,余数小于1.50 m时,多出部分不应计入建筑层数,余数等于或大于1.50 m时,多出部分应按1层计算。

②高出室外设计地面小于2.20 m的半地下室不应计入地上自然层数。

③层高小于2.20 m的架空层和设备层不应计入自然层数。

(8)建筑高度

①在机场、电台、电信、微波通信、气象台、卫星地面站、军事要塞工程等周围的实行高度控制的建筑,应按建筑物室外地面至建筑物和构筑物最高点的高度计算。

②未在高度控制区内的建筑,其建筑高度计算如下(见图4.3):

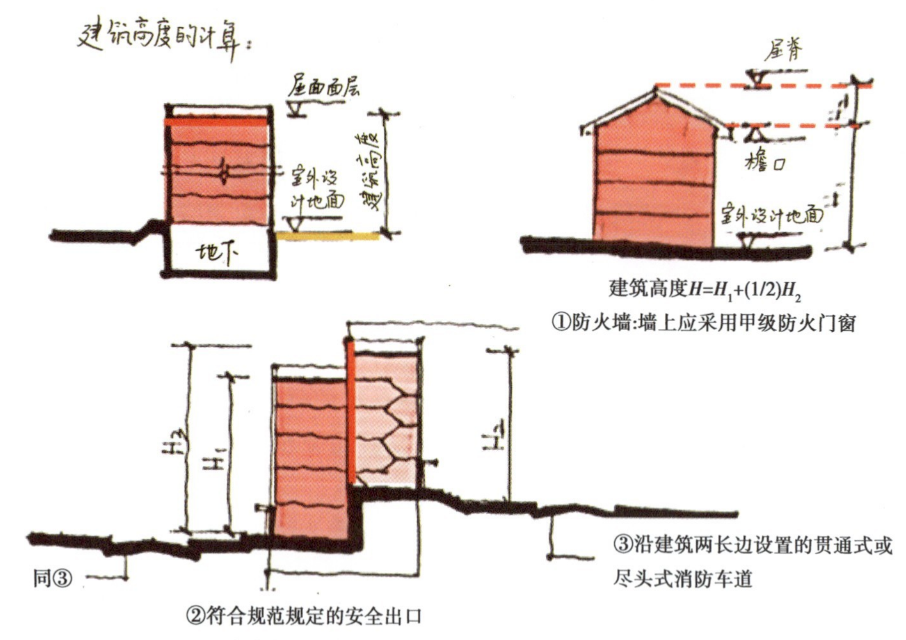

图 4.3　建筑高度计算示意

平屋顶应按建筑物室外地面至其屋面面层或女儿墙顶点的高度计算;坡屋顶应按建筑物室外地面至屋檐和屋脊的平均高度计算,下列突出物不计入建筑高度内:

a.局部突出屋面的楼梯间、电梯机房、水箱间等辅助用房占屋顶平面面积不超过 1/4 者;

b.突出屋面的通风道、烟囱、装饰构件、花架、通信设施等;

c.空调冷却塔等设备。

4.2　总平面设计

4.2.1　选址

住宅设计应符合城镇规划及居住区规划的要求,并应经济、合理、有效地利用土地和空间。住宅设计应使建筑与周围环境相协调,并应合理组织方便、舒适的生活空间。

4.2.2　外部交通

1)基地机动车出入口位置

基地机动车出入口位置应符合下列规定:

①与大中城市主干道交叉口的距离,自道路红线交叉点量起不应小于 70 m。

②距人行横道线、人行过街天桥、人行地道(包括引道、引桥)的最边缘线不应小于 5 m。

③距地铁出入口、公共交通站台边缘不应小于 15 m。

④距公园、学校、儿童及残疾人使用建筑的出入口不应小于 20 m。

⑤当基地道路坡度大于8%时，应设缓冲段与城市道路连接。

2）基地道路条件

基地应与道路红线相邻接，否则应设基地道路与道路红线所划定的城市道路相连接。

基地内建筑面积小于或等于3 000 m^2 时，基地道路的宽度不应小于4 m；基地内建筑面积大于3 000 m^2，且只有一条基地道路与城市道路相连接时，基地道路的宽度不应小于7 m；若有两条以上基地道路与城市道路相连接时，基地道路的宽度不应小于4 m（见图4.4）。

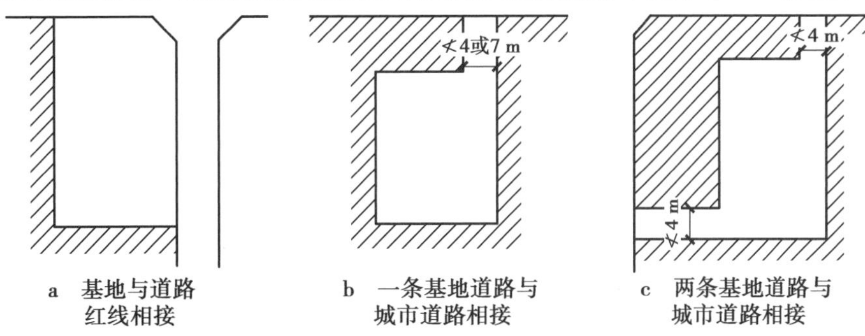

a　基地与道路红线相接　　b　一条基地道路与城市道路相接　　c　两条基地道路与城市道路相接

图4.4　不同城市交通条件下的基地内部道路处理

4.3　功能房间设计

4.3.1　套型设计

住宅应按套型设计，每套住宅应设卧室、起居室（厅）、厨房和卫生间等基本功能空间套型的使用面积应符合下列规定：

①由卧室、起居室、厨房和卫生间等组成的套型，其使用面积不应小于30 m^2。

②兼起居的卧室、厨房和卫生间等组成的最小套型，其使用面积不应小于22 m^2。

4.3.2　起居室

起居室（厅）的使用面积不应小于10 m^2，套型设计时应减少直接开向起居厅的门的数量。起居厅内布置家具的墙面直线长度宜大于3 m。

无直接采光的餐厅、过厅等，其使用面积不宜大于10 m^2。

4.3.3　卧室

尺度要求：双人卧室不应小于9 m^2，单人卧室不应小于5 m^2，兼起居的卧室不应小于12 m^2。

4.3.4　厨房

1）布置方式

厨房宜布置在套内近入口处。厨房内应设置洗涤池、案台、炉灶及排油烟机、热水器等设施,或为其预留位置;应按炊事炒作流程布置,油烟机的位置应与炉灶位置对应,并与排气道直接连通。

2)尺度

由卧室、起居室(厅)、厨房和卫生间等组成的住宅套型的厨房使用面积,不应小于4.0 m^2。

由兼起居的卧室、厨房和卫生间等组成的住宅最小套型的厨房使用面积,不应小于3.5 m^2。

单排布置设备的厨房净宽不应小于 1.50 m;双排布置设备的厨房,其两排设备之间的净距不应小于 0.90 m。

4.3.5 卫生间

1)布置方式

①应至少配置便器、洗浴器、洗面器三件卫生设备或为其预留设置及条件。

②无前室的卫生间的门不应直接开向起居室(厅)或厨房。

③卫生间不应直接布置在下层住户的卧室、起居室(厅)、厨房和餐厅的上层。当布置在本套内的卧室、起居室(厅)、厨房和餐厅的上层时,均应有防水和便于检修的措施。

2)尺度

卫生间可根据功能要求组合不同的设备,不同组合的使用面积应符合下列规定:

①设便器、洗面器时不应小于 1.80 m^2。

②设便器、洗浴器时不应小于 2.00 m^2。

③设洗面器、洗浴器时不应小于 2.00 m^2。

④设洗面器、洗衣机时不应小于 1.80 m^2。

⑤单设便器时不应小于 1.10 m^2。

4.3.6 阳台

1)布置方式

每套住宅都宜设阳台或平台。阳台的维护可采用栏杆或栏板,7 层及 7 层以上的住宅和寒冷、严寒地区的住宅,宜采用实体栏板。

2)安全要求

①阳台栏杆设计必须采用防止儿童攀爬的构造,垂直杆件间距不应大于 0.11 m,放置花盆处必须采取防坠落措施。

②高度。栏板或栏杆净高,6 层及 6 层以下不应低于 1.05 m;7 层及 7 层以上不应低于1.10 m。

注:栏杆高度应按楼地面或屋面至栏杆扶手顶面的垂直高度计算,如底部有宽度大于或等于 0.22 m 、且高度低于或等于 0.45 m 的可踏部位,应从可踏部位顶面起计算(见图 4.5)。

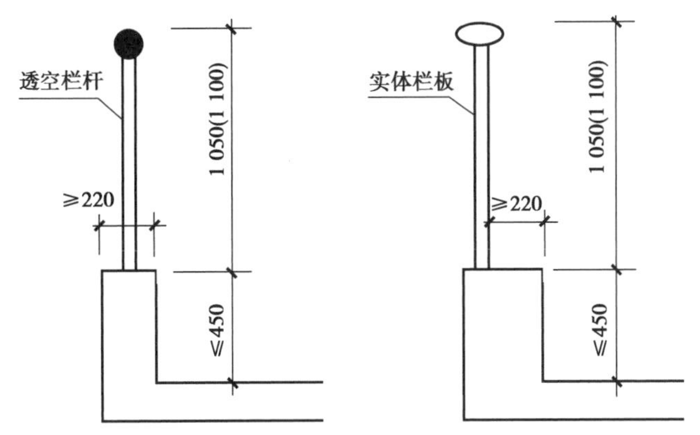

图 4.5 栏杆高度计算示意

4.3.7 过道与套内楼梯

1)过道

套内入口过道净宽不宜小于 1.20 m;通往卧室、起居室(厅)的过道净宽不应小于 1.00 m;通往厨房、卫生间、储藏室的过道净宽不应小于 0.90 m。

2)套内楼梯

(1)梯段宽度

当一边临空时,梯段净宽不应小于 0.75 m;当两侧有墙时,墙面之间净宽不应小于 0.90 m,并应在其中一侧墙面设置扶手。

注:墙面至扶手中心线或扶手中心线之间的距离即梯段宽度。

(2)踏步高度与宽度

踏步宽度不应小于 0.22 m,高度不应大于 0.20 m。扇形踏步转角距扶手中心 0.25 m 处,宽度不应小于 0.22 m。

(3)梯段步数

每个梯段的踏步不应超过 18 级,也不应少于 3 级。

(4)高度(见图 4.6)

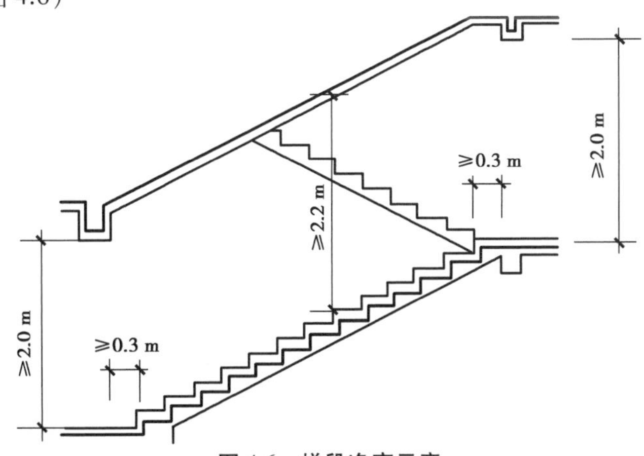

图 4.6 梯段净高示意

注:梯段净高为自踏步前缘(包括最低和最高一级踏步前缘线以外 0.30 m 范围内)量至上方突出物下缘间的垂直高度。

梯段平台上部及下部过道处的净高不应小于 2 m,梯段净高不宜小于 2.20 m。

4.3.8 门窗

1)尺度

不同房间的门洞的最小尺寸见表 4.1。

表 4.1 门洞最小尺寸

类　别	洞口宽度/m	洞口高度/m
共用外门	1.20	2.00
户(套)门	1.00	2.00
起居室(厅)门	0.90	2.00
卧室门	0.90	2.00
厨房门	0.80	2.00
卫生间门	0.70	2.00
阳台门(单扇)	0.70	2.00

注:表中门洞口高度不包括门上亮子高度,宽度以平开门为准;洞口两侧地面有高低差时,以高地面为起算高度。

2)凸窗的设置要求

①不同房间的门洞的最小尺寸为:窗台高度低于或等于 0.45 m 时,防护高度从窗台面起算不应低于 0.90 m。

②当可开启窗扇窗洞口底距窗台面的净高低于 0.90 m 时,窗洞口应有防火措施,其防护高度从窗台面起算不应低于 0.90 m。

③严寒和寒冷地区不宜设置凹窗。

3)防护措施

窗外没有阳台或平台的外窗,窗台距楼面、地面的净高低于 0.90 m 时,应设置防火措施。底层外窗和阳台门、下沿低于 2.00 m 且紧邻走廊或共用上人屋面上的窗和门,应采取防卫。

4.3.9 地下室和半地下室房间

卧室、起居室、厨房不应布置在地下室;当布置在半地下室时,必须在采光、通风、日照、防潮、排水及安全防护方面采取措施,并不得降低各项指标要求,见图 4.7。

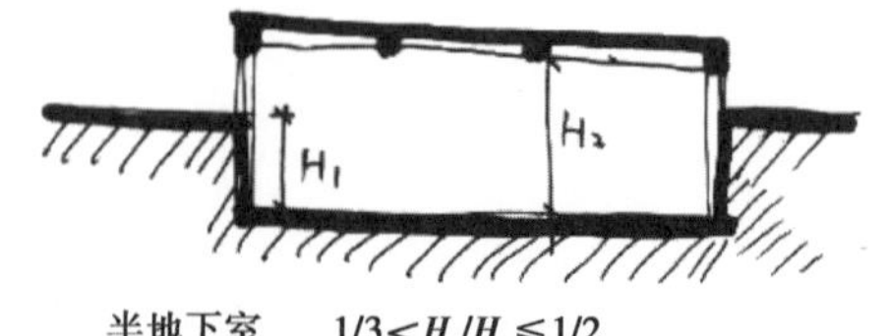

半地下室　$1/3<H_1/H_2\leq 1/2$

地下室　$H_1/H_2>1/2$

图 4.7 地下室与半地下室

除卧室、起居室、厨房以外的其他功能房间均可布置在地下室;当布置在地下室时,应对采光、通风、防潮、排水及安全防护采取措施。

住宅的地下室、半地下室用作自行车库和设备用房时,其净高不应低于 2.00 m。

当住宅的地上架空层及半地下室用作机动车停车位时，其净高不应低于 2.20 m。

4.3.10 入口及平台设计

住宅入口及入口平台的无障碍设计应符合下列规定：

①建筑入口设台阶时，应同时设置轮椅坡道和扶手。

②坡道的坡度应符合表 4.2 的规定。

表 4.2 入口坡道的坡度要求

坡　度	1∶20	1∶16	1∶12	1∶10	1∶8
最大高度/m	1.50	1.00	0.75	0.60	0.35

注：资料来源：GB 50096—2011《住宅设计规范》。

③供轮椅通行的门净宽不应小于 0.8 m。

④供轮椅通行的推拉门和平开门，在门把手一侧的墙面应留有不小于 0.5 m 的墙面宽度。

⑤门槛高度及门内外地面高差不应大于 0.15 m，并应以斜坡过渡。

4.3.11 层高及室内净高

①住宅层高宜为 2.80 m。

②卧室、起居室（厅）的室内净高不应低于 2.40 m，局部净高的室内面积不应大于室内使用面积的 1/3。利用坡屋顶内空间作卧室、起居室（厅）时，至少应有 1/2 的使用面积的室内净高不低于 2.10 m。

③厨房、卫生间的室内净高不应低于 2.20 m，内部排水横管下表面与楼面、地面净距不得低于 1.90 m，且不得影响门窗扇开启。

4.4 日照通风要求

4.4.1 日照要求

①每套住宅至少有一个居住空间能获得冬季日照，需要获得冬季日照的居住空间的窗洞开口宽度不应小于 0.60 m。

②卧室、起居室（厅）、厨房应有直接天然采光。

③卧室、起居室（厅）、厨房的采光系数不应低于 1%；在楼梯间设置采光窗时，采光系数不应低于 0.5%。

④卧室、起居室（厅）、厨房的采光窗洞口的窗地面积比不应低于 1/7。

⑤当楼梯间设置采光窗时，采光窗洞口的窗地面积比不应低于 1/12。

⑥采光窗下沿离楼地面或地面高度低于 0.50 m 的窗洞口面积不应计入采光面积内，窗洞口上沿距地面高度不宜低于 2.00 m。

4.4.2 通风要求

①卧室、起居室(厅)、厨房应有自然通风。

②每套住宅的自然通风开口面积不应小于地面面积的5%。

③采用自然通风的房间,其直接或间接自然通风开口面积应符合下列规定:

a.卧室、起居室、明卫生间的直接自然通风开口面积不应小于该房间地板面积的1/20。

b.当采用自然通风房间外设阳台时,阳台的自然通风开口面积不应小于采用自然通风的房间和阳台地板面积总和的1/20。

c.厨房的直接自然通风开口面积不应小于该房间地板面积的1/10,并不得小于0.60 m^2;当厨房外设置阳台时,阳台的自然通风开口面积不应小于厨房和阳台地面面积总和的1/10,并不得小于0.60 m^2。

4.5 防火疏散规定

4.5.1 建筑分类

民用建筑根据建筑高度和层数可分为单、多层民用建筑和高层民用建筑。高层民用建筑根据其建筑高度、使用功能和楼层的建筑面积,又可分为一类和二类。民用建筑的分类应符合表4.3及图4.8的规定。

表4.3 民用建筑分类

名称	高层民用建筑		单、多层民用建筑
	一类	二类	
住宅建筑	建筑高度大于54 m的住宅建筑(包括设置商业服务网点的住宅建筑)	建筑高度大于27 m,但不大于54 m的住宅建筑(包括设置商业服务网点的住宅建筑)	建筑高度不大于27 m的住宅建筑(包括设置商业服务网点的住宅建筑)
公共建筑	1.建筑高度大于50 m的公共建筑; 2.任一楼层建筑面积大于1 000 m^2的商店、展览、电信、邮政、财贸金融建筑和其他多种功能组合的建筑; 3.医疗建筑、重要公共建筑; 4.省级及以上的广播电视和防灾指挥调度建筑、网局级和省级电力调度建筑; 5.藏书超过100万册的图书馆、书库	除一类高层公共建筑外的其他高层公共建筑	1.建筑高度大于24 m的单层公共建筑; 2.建筑高度不大于24 m的其他公共建筑

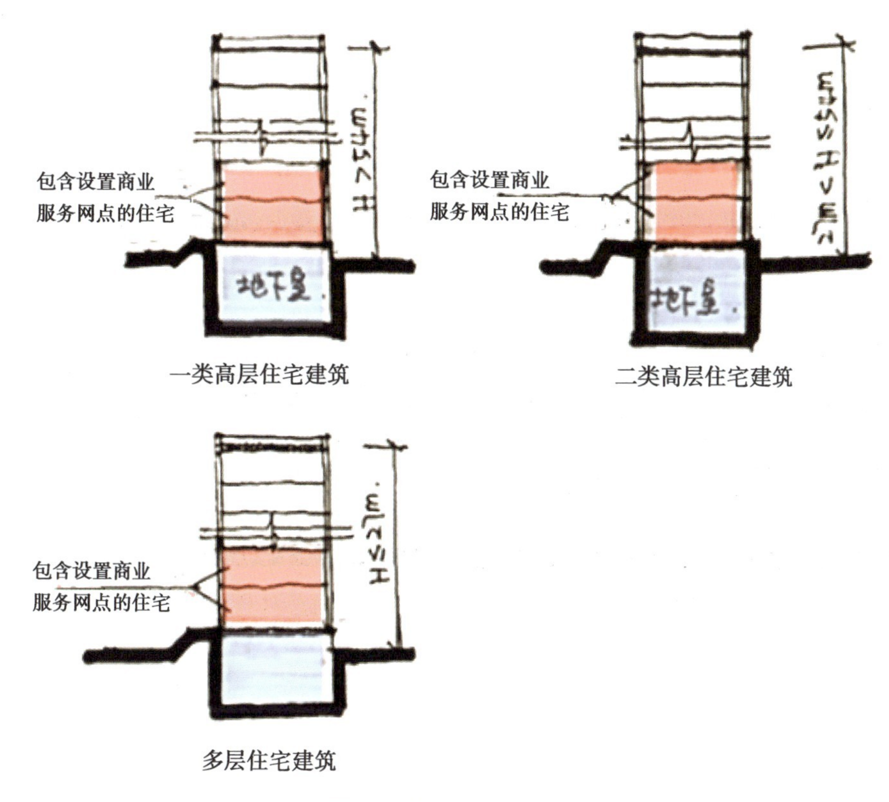

图 4.8　住宅建筑的分类

4.5.2　防火间距

防火间距是指防止着火建筑在一定时间内引燃相邻建筑,并便于消防扑救的间隔距离。民用建筑之间的防火间距见表 4.4 及图 4.9。

表 4.4　民用建筑之间的防火间距　　单位:m

建筑类别		高层民用建筑	裙房和其他民用建筑		
		一、二级	一、二级	三级	四级
高层民用建筑	一、二级	13	9	11	14
裙房和其他民用建筑	一、二级	9	6	7	9
	三级	11	7	8	10
	四级	14	9	10	12

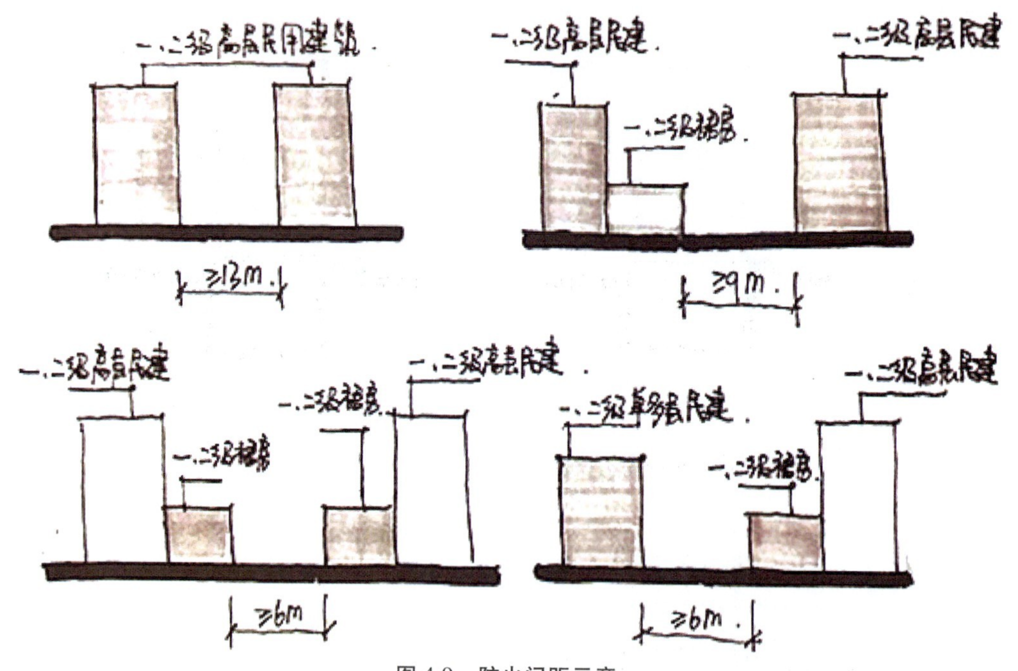

图 4.9　防火间距示意

4.5.3　防火分区与层数

不同耐火等级的建筑允许的高度或层数、防火分区允许的最大建筑面积见表 4.5。

表 4.5　不同耐火等级建筑的允许建筑高度或层数、防火分区最大允许建筑面积

<table>
<tr><th>名　称</th><th>耐火等级</th><th>允许建筑高度或层数</th><th>防火分区的最大允许建筑面积(m^2)</th><th>备　注</th></tr>
<tr><td>高层民用建筑</td><td>一、二级</td><td>高度大于 27 m 的住宅建筑，高度大于 24 m 的公共建筑</td><td>1 500</td><td rowspan="2">对于体育馆及剧场的观众厅，防火分区的最大允许建筑面积可适当增加</td></tr>
<tr><td rowspan="3">单、多层民用建筑</td><td>一、二级</td><td>住宅建筑高度不大 27 m，
单层公共建筑高度可大于 24 m，
其他公共建筑高度不大于 24 m</td><td>2 500</td></tr>
<tr><td>三级</td><td>5 层</td><td>1 200</td><td>—</td></tr>
<tr><td>四级</td><td>2 层</td><td>600</td><td>—</td></tr>
<tr><td>地下或半地下建筑(室)</td><td>一级</td><td>—</td><td>500</td><td>设备用房的防火分区最大允许建筑面积不应大于 1 000 m^2</td></tr>
</table>

4.5.4　安全疏散距离及出入口设置

1) 住宅建筑安全出口设置

民用建筑应根据其建筑高度、规模、使用功能和耐火等级等因素合理设置安全疏散和避难设施。安全出口和疏散门的位置、数量、宽度及疏散楼梯间的形式，应满足人员安全疏散的要求。

建筑内的安全出口和疏散门应分散布置，且建筑内每个防火分区或一个防火分区的每个楼层、每个住宅单元，每层相邻两个安全出口以及每个房间相邻两个疏散门最近边缘之间的水平距离不应小于 5 m。

自动扶梯和电梯不应计作安全疏散设施。

除人员密集场所外，建筑面积不大于 500 m² 、使用人数不超过 30 人且埋深不大于 10 m 的地下或半地下建筑（室），当需要设置 2 个安全出口时，其中一个安全出口可利用直通室外的金属竖向梯。

建筑高度不大于 27 m 的建筑，当每个单元任一层的建筑面积大于 650 m²，或任意户门至最近安全出口的距离大于 15 m 时，每个单元每层的安全出口不应少于 2 个。同一防火分区安全出口设置要点如图 4.10 所示。

2）住宅建筑安全疏散距离的规定

直通疏散走道的户门至最近安全出口的直线距离不应大于表 4.6 的规定。

表 4.6　安全疏散距离

住宅建筑类别	位于两个安全出口之间的户门			位于袋形走道两侧或尽端的户门		
	一、二级	三级	四级	一、二级	三级	四级
单、多层	40	35	25	22	20	15
高层	40	—	—	20	—	—

注：开向敞开式外廊的户门至最近安全出口的最大直线距离可按本表的规定增加 5 m。

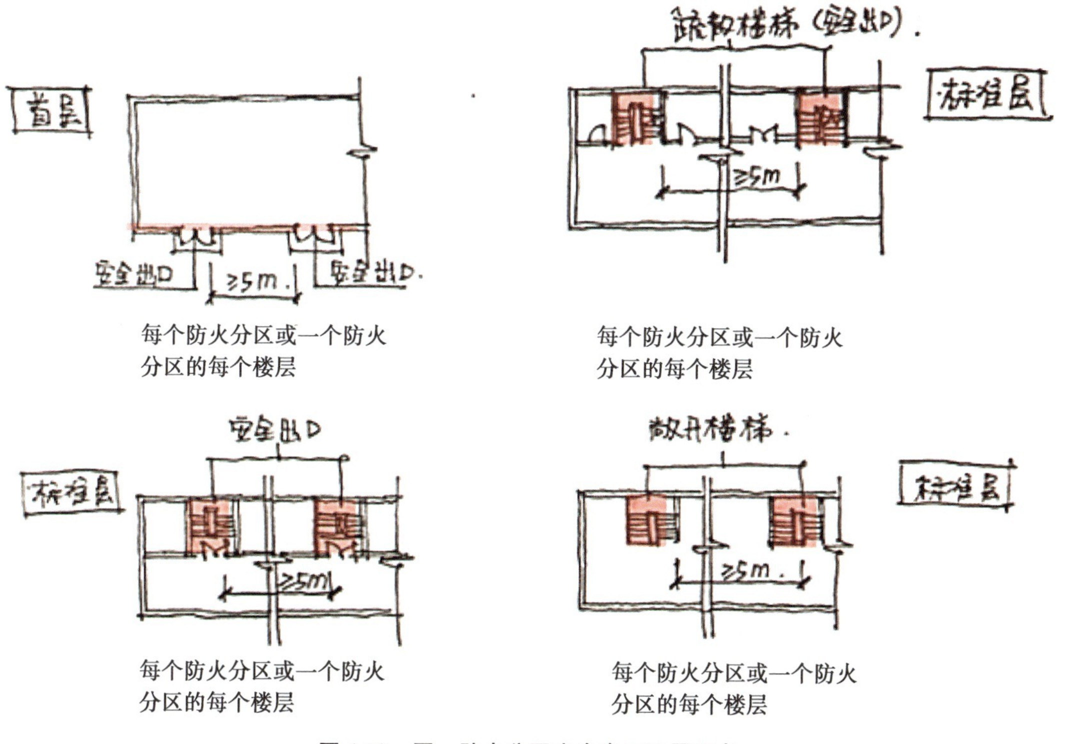

每个防火分区或一个防火分区的每个楼层

每个防火分区或一个防火分区的每个楼层

每个防火分区或一个防火分区的每个楼层

每个防火分区或一个防火分区的每个楼层

图 4.10　同一防火分区安全出口设置要点

楼梯间应在首层直通室外,或在首层采用扩大的封闭楼梯间或防烟楼梯间前室。层数不超过 4 层时,可将直通室外的门设置在离楼梯间不大于 15 m 处。

户内任一点至直通疏散走道的户门的直线距离不应大于表 4.6 中规定的袋形走道两侧或尽端的疏散门至最近安全出口的最大直线距离。

3)住宅疏散净宽

住宅建筑的户门、安全出口、疏散走道和疏散楼梯的各自总净宽应经计算确定,且户门和安全出口的净宽度不应小于 0.90 m,疏散走道、疏散楼梯和首层疏散外门的净宽度不应小于 1.10 m。

建筑高度不大于 18 m 的住宅中一边设置栏杆的疏散楼梯,其净宽度不应小于 1.0 m。

4)住宅疏散楼梯

①住宅建筑的疏散楼梯设置应符合下列规定:

建筑高度不大于 21 m 的住宅建筑可采用敞开楼梯间;与电梯井相邻布置的疏散楼梯应采用封闭楼梯间,当户门采用乙级防火门时,仍可采用敞开楼梯间。

②室外疏散楼梯应符合下列规定:

a.栏杆扶手的高度不应小于 1.10 m,楼梯的净宽度不应小于 0.90 m。

b.倾斜角度不应大于 45°。

c.梯段和平台均应采用不燃材料制作,平台的耐火极限不应低于 1.00 h,梯段的耐火极限不应低于 0.25 h。

d.通向室外楼梯的门应采用乙级防火门,并应向外开启。

e.除疏散门外,楼梯周围 2 m 内的墙面上不应设置门窗洞口。疏散门不应正对梯段。

疏散用楼梯和疏散通道上的阶梯不宜采用螺旋楼梯和扇形踏步;确需采用时,踏步上下两级所形成的平面角度不应大于 10°,且每级离扶手 250 mm 处的踏步深度不应小于 220 mm,见图 4.11 和图 4.12。

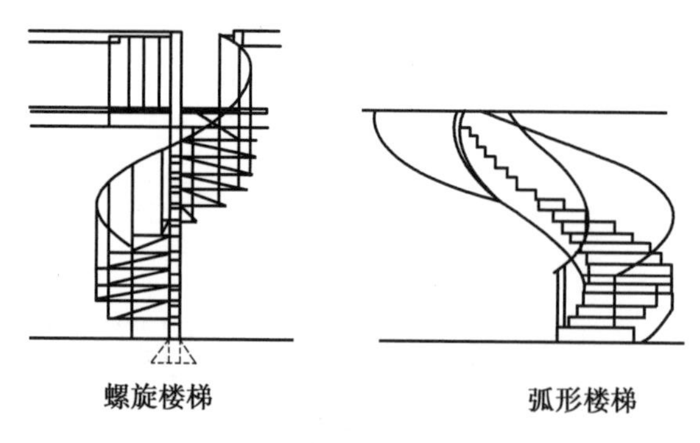

图 4.11　螺旋楼梯和扇形楼梯

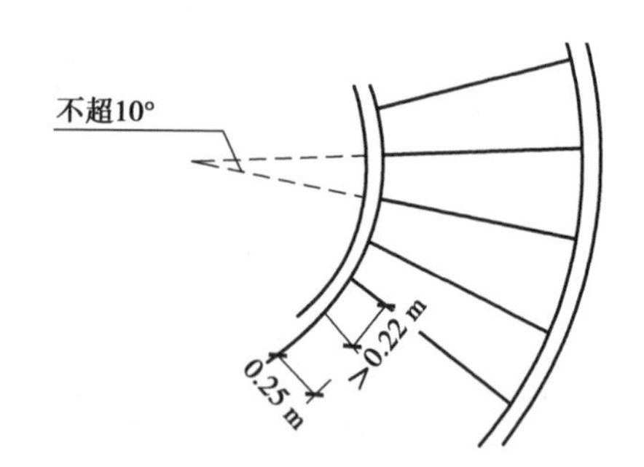

图 4.12　螺旋楼梯和扇形楼梯作为疏散楼梯必须满足的条件

高度大于 10 m 的三级耐火等级建筑,应设置通向屋顶的室外消防梯。室外消防梯不应面对老虎窗,宽度不应小于 0.6 m,且宜从离地面 3.0 m 处设置。

4.6 经济技术规定

4.6.1 建筑面积计算基本规定

1)基本规定

建筑物的建筑面积应按自然层外墙结构外围水平面积之和计算。

结构层高在 2.20 m 及以上的,应计算全面积;结构层高在 2.20 m 以下的,应计算 1/2 面积。

对于形成建筑空间的坡屋顶,结构净高在 2.10 m 及以上的部位应计算全面积;结构净高在 1.20 m 及以上至 2.10 m 以下的部位应计算 1/2 面积;结构净高在 1.20 m 以下的部位不应计算建筑面积。

地下室、半地下室应按其结构外围水平面积计算。结构层高在 2.20 m 及以上的,应计算全面积;结构层高在 2.20 m 以下的,应计算 1/2 面积。

2)特殊部位的面积计算规定

(1)局部楼层

单层建筑物内设有局部楼层者,局部楼层的二层及以上楼层,有围护结构的应按其围护结构外围水平面积计算,无围护结构的应按其结构底板水平面积计算。层高在 2.20 m 及以上者应计算全面积;层高不足 2.20 m 者应计算 1/2 面积(见图 4.13)。

(2)吊脚架空层

坡地的建筑物吊脚架空层,设计加以利用并有围护结构的,层高在 2.20 m 及以上的部位应计算全面积;层高不足 2.20 m 的部位应计算 1/2 面积。设计加以利用、无围护结构的建筑吊脚架空层,应按其利用部位水平面积的 1/2 计算(见图 4.14)。

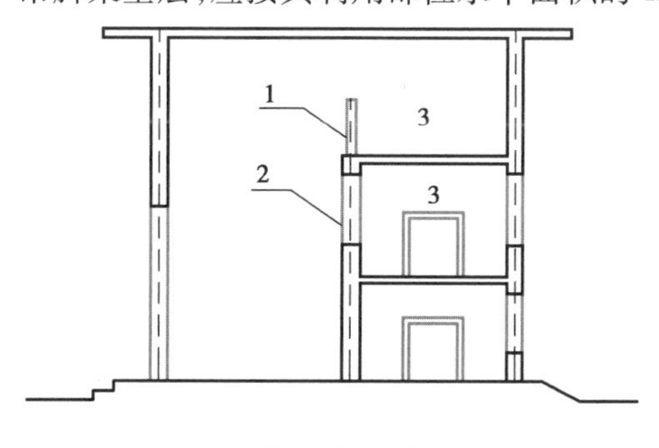

建筑物内的局部楼层

1—围护设施;2—围护结构;3—局部楼层

图 4.13 局部楼层示意图

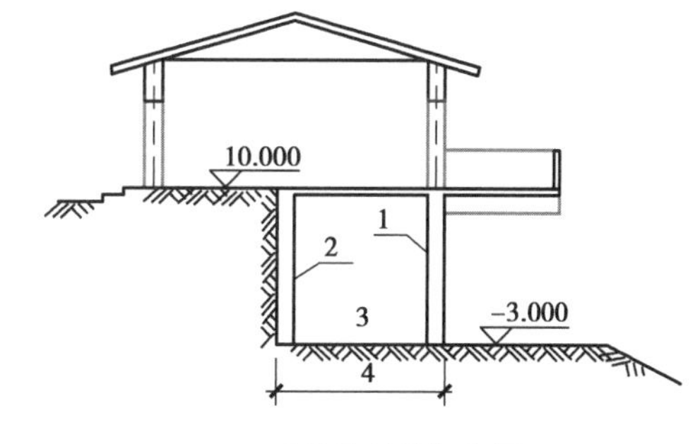

建筑物吊脚架空层

1—柱;2—墙;3—吊脚架空层;4—计算建筑面积部位

图 4.14 吊脚架空层示意图

(3)架空走廊

对于建筑物间的架空走廊,有顶盖和围护设施的,应按其围护结构外围水平面积计算全面积;无围护结构、有围护设施的,应按其结构底板水平投影面积计算 1/2 面积,见图 4.15。

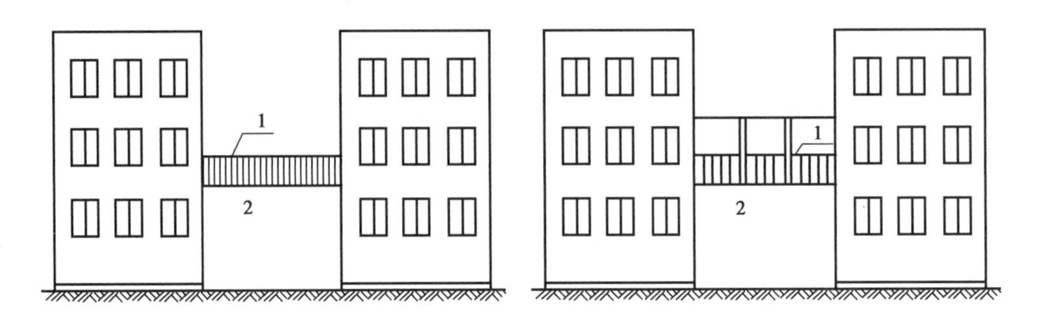

无围护结构的架空走廊

1—栏杆；2—架空走廊

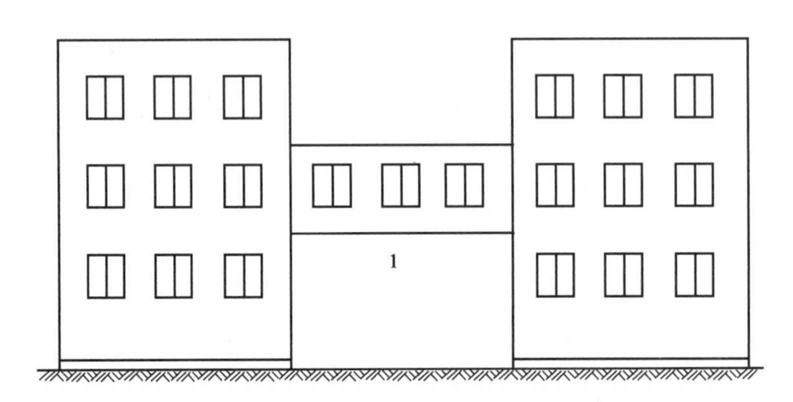

有围护结构的架空走廊

1—架空走廊

图 4.15　架空走廊示意

(4)凸窗

窗台与室内楼地面高差在 0.45 m 以下且结构净高在 2.10 m 及以上的凸(飘)窗,应按其围护结构外围水平面积计算 1/2 面积。

(5)室外楼梯

室外楼梯应并入所依附建筑物自然层,并应按其水平投影面积的 1/2 计算建筑面积。

(6)阳台

在主体结构内的阳台,应按其结构外围水平面积计算全面积;在主体结构外的阳台,应按其结构底板水平投影面积计算 1/2 面积。

4.6.2　别墅建筑面积计算相关指标

1)层数规定

住宅楼的层数计算应符合下列规定:

①当所有楼层层高不大于 3.00 m 时,层数应按自然层数计;有一层或若干层的层高大于 3.00 m 时,应对大于 3.00 m 的所有楼层按其高度总和除以 3.00 m 进行层数折算,余数小于

1.50 m时，多出部分不应计入建筑层数，余数等于或大于 1.50 m 时，多出部分应按 1 层计算。

②高出室外设计地面小于 2.20 m 的半地下室不，应计入地上自然层数。

③层高小于 2.20 m 的架空层和设备层，不应计入自然层数。

2）面积技术规定

别墅设计涉及的技术经济指标如下：

（1）各功能空间使用面积（m^2）

各功能空间使用面积应等于各功能空间墙体内表面所围合的水平投影面积。

（2）套内使用面积（m^2）

套内使用面积应等于套内各功能空间使用面积之和，按结构墙体表面尺寸计算；有复合保温层时，按复合保温层表面尺寸计算。计算方法具体如下：

①套内使用面积应包括卧室、起居室（厅）、餐厅、厨房、卫生间、过厅、过道、储藏室、壁柜等使用面积的总和。

②利用坡屋顶内的空间时，屋面板下表面与楼板地面的净高低于 1.20 m 的空间不应计算使用面积，净高在 1.20~2.10 m 的空间应按 1/2 计算使用面积，净高超过 2.10 m 的空间应全部计入套内使用面积。

③跃层住宅中的套内楼梯应按自然层数的使用面积总和计入套内使用面积。

④烟囱、通风道、管井等，均不计入套内使用面积。

（3）套型阳台面积（m^2/套）

套型阳台面积应等于套内各阳台的面积之和；阳台的面积均应按其结构底板投影净面积的一半计算。

（4）总建筑面积（m^2）

总建筑面积即为各层建筑面积之和。

5

学生作品解析

作品一

学生自评

世间万物的表现大致体现在两个方面——形状和颜色，因此在这个别墅设计里，我用最纯粹的几何形状来划分平面、布置功能、创造空间，看似简单的几何手法其实更能表达出各个功能空间的关系。同时，颜色对于建筑有着不可替代的作用，它会影响人们对于一个空间的感受。

由于这是一个住家别墅，所以希望用颜色在居住的体验上起到一个积极的作用。作品用红、黄、蓝三种颜色来分别代表公共区、卧室区和娱乐区，这些颜色被用在别墅的三角形的屋面板上，整个建筑根据地势条件，以半层的形式呈现出三个不同的空间高度，为住户提供丰富的空间体验。又因为别墅坐落在环境宜人的郊区，为了能最大限度地让人去感受大自然、消除室内与室外的明显界限，所以用三个不同高度的屋顶遮板来提供必要的遮挡，并且根据房间的功能做了不同程度的镂空。同时，该别墅拥有多个花园和景观水池，更有利于为住户提供一种生活在大自然里的舒适体验，希望此建筑能真正利用环境，融入环境。

——王若曲

教师评语

该方案将矩形进行切割变形，结合三原色，布置不同的功能房间，并考虑地形顺应山地的自然坡度,主要空间尺度适宜,具有良好的朝向和景观。以半层的形式呈现出三个不同的高度,空间刻画生动,立面虚实相生变化有序,形式结构统一,构图较好。但图纸表达中应注意建筑流线分析、主入口的表达等。

教学指导作品一见图5.1和图5.2。

图5.1 作品一别墅模型照片(作者:王若曲)

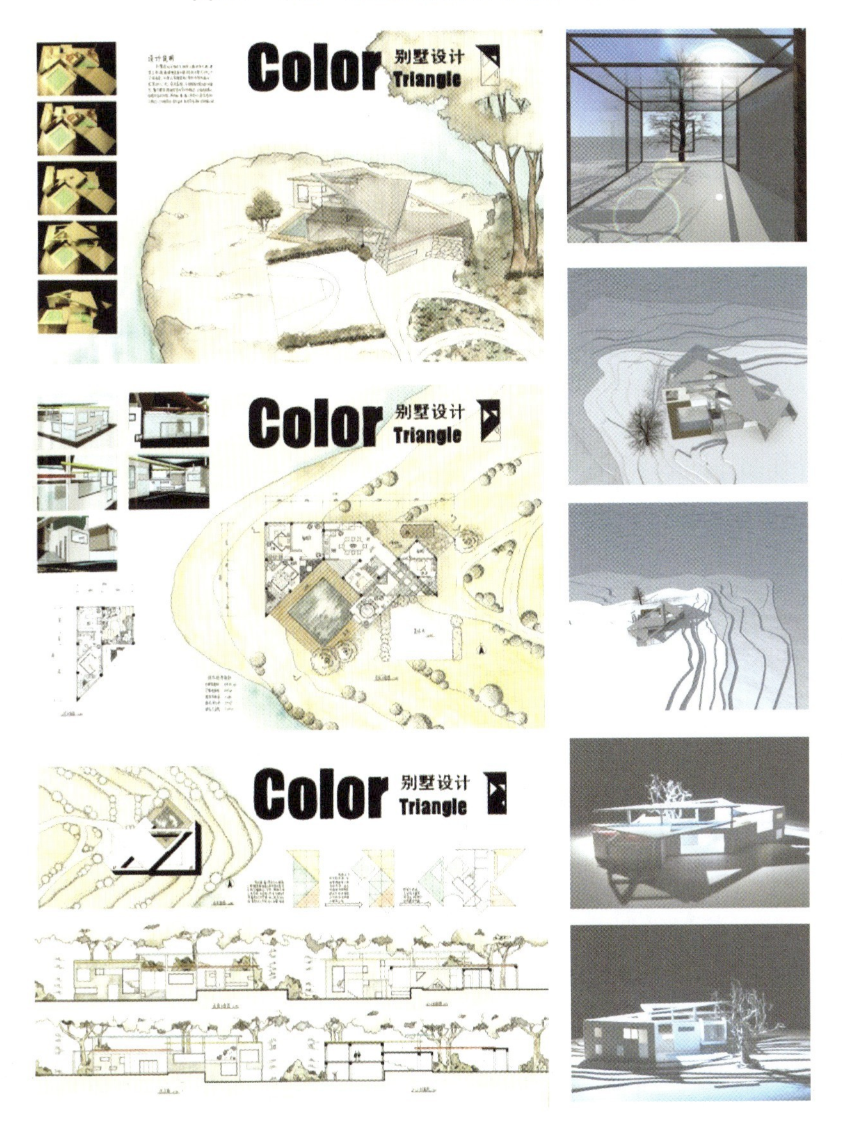

图5.2 作品一(作者:王若曲)

作品二

学生自评

本设计假定别墅的住户是名海洋学家，建筑造型灵感来源于海洋动物——鲸。作品通过鲸鱼形态的演变，根据地形高差及建筑概念，提取海浪元素，采用几何形拓扑变化产生起伏规律。建筑外立面采用纯白色，窗户使用蓝色玻璃，符合“海洋”这一设计理念。

在平面功能上，将客厅、厨房布置于建筑入口附近以满足使用需求；在景观视野面上，三层均布置了卧室，并设有大面积的玻璃窗，同时满足采光与观景的需求。建筑在顶层开有天窗，光线透过天窗从二层直接投射到一楼客厅，配合蓝色玻璃，会让人有置身海洋中的感觉。同时，这一设计也增加了客厅的自然采光，降低了建筑人工照明的能耗。在立面的处理上，窗户随着建筑体块的起伏而“流淌”，部分立面采用出挑的手法来丰富建筑立面的光影效果。

——张璐

教师评语

该方案紧扣建筑住户的职业特征，根据“鲸”进行变形，提取海洋元素，建筑整体形象新颖有张力，乘风破浪，充分体现出对大海的热爱。建筑造型上融入了西南地区吊脚楼的形式，以及空间里的大台阶，立面装饰蓝色的玻璃，海天一色，虚实变化有序。内部功能布局及主人、客人、保姆流线清晰，互不干扰，但应注意主要功能房间（如客厅、卧室）应利用南向等较好的朝向。

教学指导作品二见图 5.3。

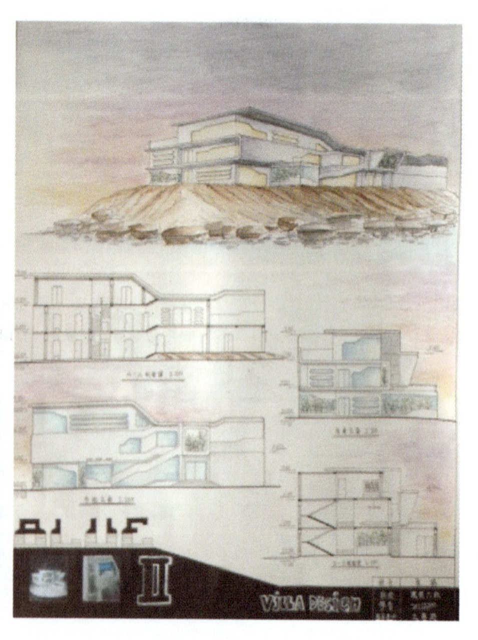

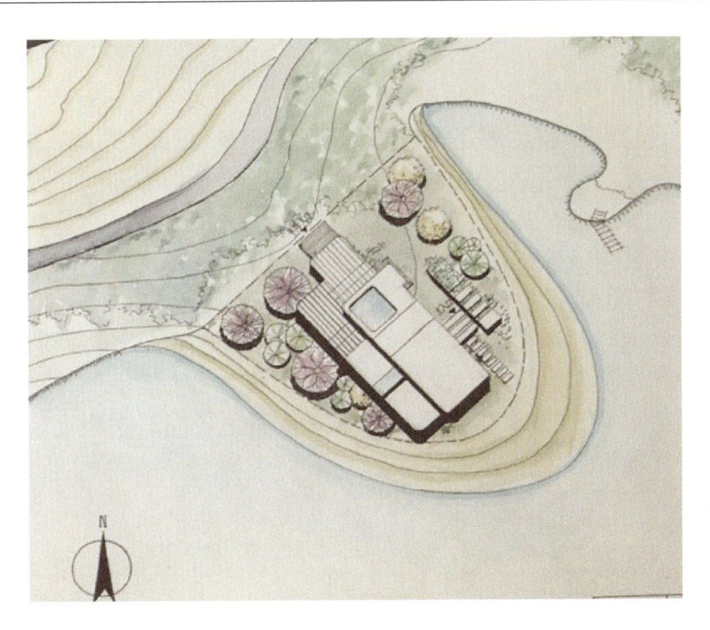

图 5.3　作品二（作者：张璐）

作品三

学生自评

项目选址重庆市武隆仙女山自然生态区，设计者希望摒弃城市别墅高傲的姿态，探索一种新的建筑存在，使其成为与自然环境相互消融的共生体。

面对“消融”，建筑的形态是不凸显的、隐藏的，但却提供了使用空间，这是设计者最初的想法。这个时候，通过建筑的景观化来达到使建筑“消隐”的效果，这是对“消”的理解。那么如何看待“融”这个限定因素呢？“形式追随气候”是柯里亚提出的设计思想，实现建筑与周围环境的融合，就是建筑的拟生化，在它从设计到使用维护的整个周期内，照射的光、流动的风、循环的水赋予建筑以生命，使建筑得以完成呼吸和光合，如同一个细胞，嵌合在自然的机体中，生长、呼吸。

• 雕塑的形体

建筑场地处溪流瀑布下西侧，场地高差在 1 m 左右，地形规整，建筑以扭转的体态从地面上自然生长起伏而来，如同初醒时伸展的双臂，动态的平衡与周围的流水瀑布相呼应，形成了一座瀑布下的生态雕塑。

• 呼吸的空间

建筑体量相对集中，在其中设置多个天井、边庭，在对空间秩序进行有序划分的同时，起到引导通风、遮蔽日晒的功能，这是西南住宅中普遍使用的设计手法。但同时，方案中的天井不再是传统的独立设置，他们在建筑体中相互嵌套、交接，再结合引入室内的自然坡地，构成了室内与室内、室内与室外的自然呼吸。

• 绿色的建筑

建筑除了使用太阳能集热、雨水收集、涓流式通风等一系列生态节能设备外，还更多地应用被动式节能设计，包括拔风天井的设计，置换屋顶的土地，以及在功能设计上集中布置冬季活动区来减少供暖能耗。创建原生态的节能手段，而把技术作为辅助手段，是将节能建筑平民化、日常化的手段之一，也是本案追求的理念。

整个建筑体态完整而轻盈，模拟自然界中植物生长过程中旋转向上的态势，显示出一种蓬勃的生命力。其中穿插通透空间的设计，在消解了集中体量带来的滞重感的同时还分隔了功能区域。这些通透的空间通过与建筑体的围合形成了遮蔽，又向自然空间打开形成了交流，过渡自然流畅，配合辅助生态节能设备的使用，以被动式节能手段为主，使整个建筑以较少的成本投入和人工干预，在整个生命周期内都从造型到功能最大程度地融入自然环境，成为自然界中一枚呼吸的细胞。

——县济东

教师评语

该方案看似简单，实则深藏奥妙，将方块进行扭曲变形，配合屋顶花园以及扭曲有张力的体块，与起伏的山体环境融为一体。

在功能布局上，结合天井、庭院，给人以不同的空间体验，使不同的空间相互流通贯通，有效利用了地形特点。

同时，在材料运用、设备节能方面考虑了绿色建筑，各个分析图详细全面。

教学指导作品三见图 5.4 和图 5.5。

图 5.4　作品三别墅模型照片(作者:县济东)

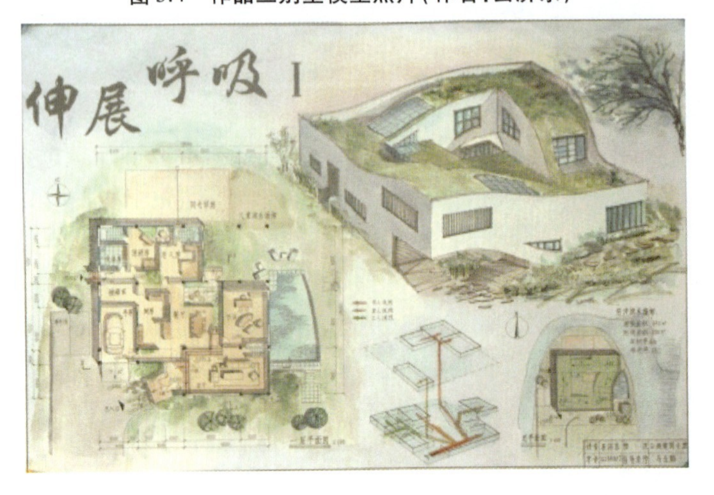

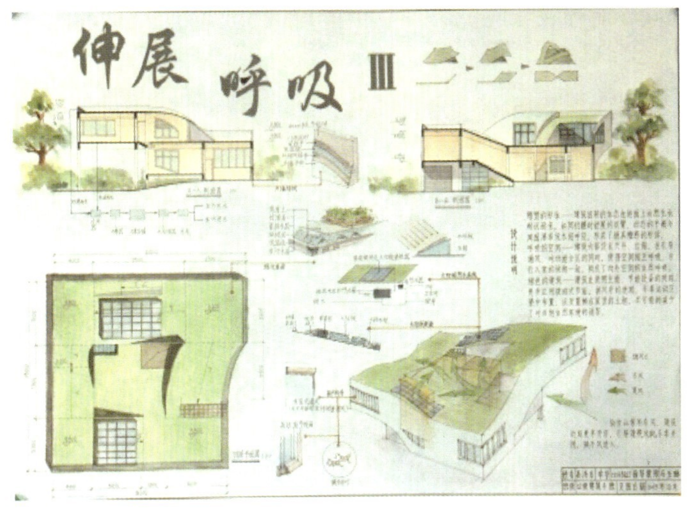

图 5.5　作品三（作者：县济东）

作品四

学生自评

● 灵感构成

别墅设计的构思主要来源于假定甲方为一名音乐家，因此设计前期就从乐器方面入手提取灵感来进行推敲演变。钢琴作为乐器大家族中的“王者”，为音乐家的创作提供了条件，因此设计者从钢琴上提取元素，让韵律融入建筑中，体现出建筑的个性，使建筑不再只是一座房子，更是一件具有特色和个性的艺术品。

● 方案设计

建筑用地为北向高差 8 m 左右的山地，南向有河流、树林的自然景观。设计的出发点是以人为本，建筑的功能、外形、人流组织都是以人为基础来考虑建筑的艺术性和个性的。设计时考虑到使建筑与环境融合，让别墅根据山地地势，依山而建，并根据地形高差设计为三层，呈阶梯状延伸出去。总体看，建筑与环境有一种节奏感和流动性，L形的中庭贯穿建筑，建筑在自然环境中，自然环境也在建筑中，人们在室内和室外空间穿梭。中庭的设计使建筑不再单调，使建筑与环境没有一个明确的界限，为室内带来更多的采光和通风，增加了空间的延展性和趣味性。

别墅的首层空间较大，并在外立面采用大面积落地窗，营造出采光充足、较为开放的空间。同时，在室内设计出高差层次，为单一的空间带来律动。二层设计次卧和客卧，以睡眠空间为主，南向设计成落地窗而其他朝向减少开窗，使卧室的光照充足且不会有隐私方面的干扰。三层为主卧和书房，考虑到音乐家创作时需要安静的环境，书房和主卧设计在顶层可以更好地协调工作与生活。人的体验随着建筑空间的变换而不同，这样的节奏感正是我们追求的建筑与人的共鸣。

设计交通流线十分清晰，楼梯可以从一楼到达三楼，流线简洁，主人的路线和保姆、客人的流线不冲突，主、客分流的设计充分考虑到不同流线带给人不同的环境体验。

• 方案愿景

建筑功能设计依附在甲方的需求和愿景上，建筑流线的设计根据人体尺度和设计规范进行了优化，让室内流线清晰明确、室外空间流线活泼有趣，室内外相互连通、彼此呼应。建筑外观像一架放在山上的钢琴，黑白键的跳动带来韵律，而建筑的错落带来节奏，这些都是提取自甲方生活中的元素，取于生活，用于生活，这就是设计的本源。

——黄金

教师评语

该方案以钢琴为原型进行形变，并利用琴键的跳动作为立面符号，符合居住者的职业特征。同时，融合山地的高差错落感进行变化层高，建筑形体明确丰富，大面积的露台设计使建筑空间通透。方案的功能分布明确，流线清晰，中庭的设计是整个空间的亮点，与室外联系紧密，主要功能房间也有较好的朝向，立面设计虚实变化有致，模型制作也相当细致。

教学指导作品四见图5.6和图5.7。

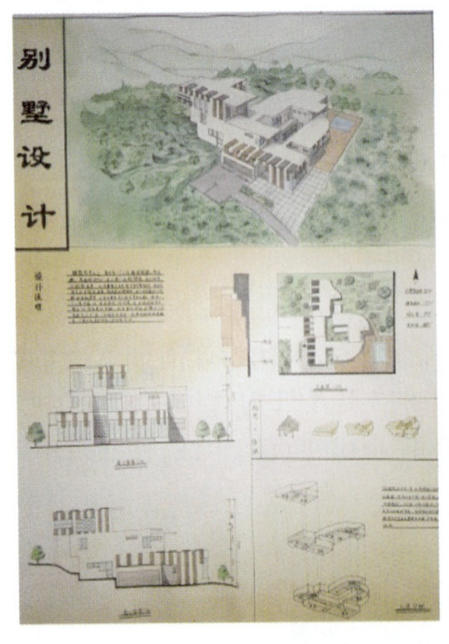

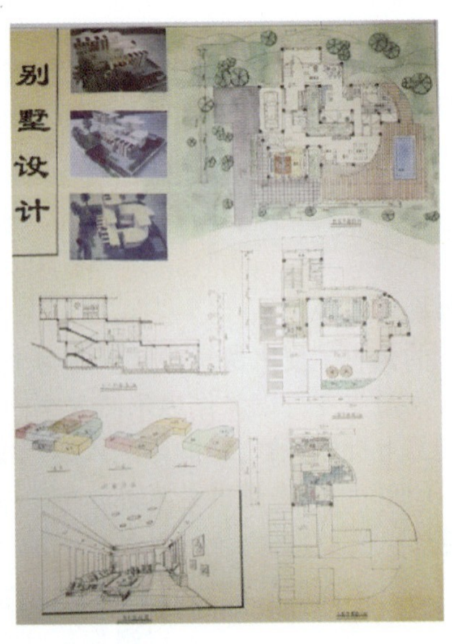

图5.6　作品四（作者：黄金）

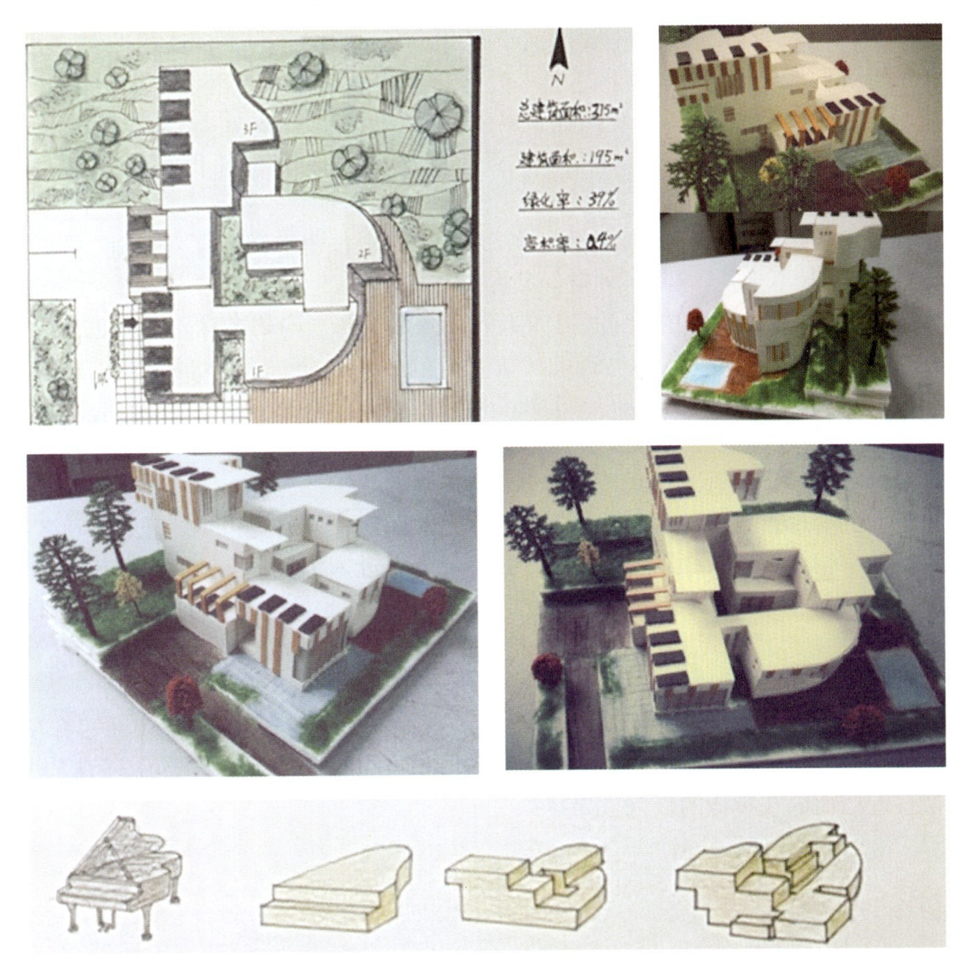

图 5.7　作品别墅模型(作者:黄金)

作品五

学生自评

• 灵感来源

拿到别墅设计任务书,看到“拟在江苏省太湖风景区建造一栋别墅”,脑海就浮现出粉墙黛瓦、高低错落的马头墙。吴冠中老先生的抽象国画中对徽派建筑特征的表达与提炼概括起来有三大元素:白墙、黛瓦以及抽象的色块。我从中国画创作理论中汲取灵感,重在写意和营造文化氛围,欲将三大元素运用在建筑实物上,将白墙、黛瓦解读为传统而抽象的色块,用雅素的元素组成一栋能与古老文化对话的建筑,把别墅主人带到幽静、典雅、古朴的意境中。

• 方案设计

设计之初,别墅主人的身份假定为音乐家,家庭结构为三代同堂,此居住建筑需要的套型为社会交往型,既需要完整的会客空间,也需要私密的空间来休息、作曲。

此建筑用地面积为 672 m^2，南北高差有 2 m，建筑用地南面有 4.5 m 高的堡坎，比邻太湖。面对这种地形，我立即想到借此地形建造一处像楼阁一样能取凭高远眺、极目无穷的佳处。想营造幽静意境，不得不提中国传统园林布局最讲求的“藏”。园林式布局讲究结构布置曲折幽深，直路中要有迂回，舒缓处要有起伏。在社会交往套型的别墅中，我将中庭、餐厅、客厅、吧台、钢琴区和看书区都归为交谈会客的空间，卧室和起居室归为私密的空间，院子也分会客用的院子和自家人用的较为私密的院子，利用高差恰好把私密空间“藏”了起来，把两种不同的空间分开，使其互不干扰，同时各种空间又保持完整。

方案中将会客作为主要功能空间，有露天的会客院子和室内的客厅。根据进入待客空间的流线（从室外入室内），运用先抑后扬的传统手法，使空间体验从近人体尺度的入口玄关进入开阔明亮的中庭。在玄关处，只有透过中式花窗的光影落在洁白的墙体上，而到了中庭最先看到就是光亮的天井，以及外部的水体、枯石、竹子等种种景观元素，消减了室内空间的压抑感。通往院子需要走下近人体尺度的长廊，在长廊的尽头才到达院子；通往客厅需要走上横跨天井上空的楼梯，走过楼梯才到达客厅。运用这两次不同空间变化，让主人和客人都忘记外界世俗的事情，把心放在欣赏太湖周边的风景上。进入偌大的客厅，天花向落地窗方向渐渐挑高，使视野和采光都逐步扩大，巨大的落地窗把太湖远景借入厅内，令视觉达到高潮。

在此别墅设计上，看不到传统意义上的马头墙、挑檐、小窗等与现代生活脱节的建筑手法。但是，个性的白墙黛瓦、变通的小窗、细纹的墙脚、青砖的步行道、天井绿化、不可窥视镂空墙、通而不透的屏风、方圆结合的局部造型、半开放式的庭院、墙顶采光天窗及多孔墙、可增加通透性的漏窗等与现代生活不背离的设计手法，都被相续运用到建筑上，产生了与传统中式建筑形态近似而内在神似的良好效果。

——梁桂宁

教师评语

该方案根据徽派建筑形式，结合当地文化特点，选用新中式风格，并恰当地借鉴万科第五园简洁大方的景窗，给人清透的感觉。院落设计是室内与室外空间的完美过渡。别墅功能布置较为合理，流线清晰，主要房间也有好的朝向。水彩渲染的把握比较好，色调温馨，却又不失灵气。

教学指导作品五见图 5.8。

图 5.8　作品五（作者：梁桂宁）

作品六

学生自评

● 灵感来源

一幢位于山水之间的别墅,一种出世的状态,远离世俗烦扰,建筑的定位便是一种大隐于世的感觉,由此联想到隈研吾的建筑理念——负建筑,即内敛的,对自然没有敌意的,好用的,不强势的,直至消失的;尊重场地,尊重历史,借鉴当地文化或特色自然形态。所以,别墅不仅仅位于山水之间,更应该融于山水之间。方案设计中通过空间和材质的处理,形成一个"隐形"的建筑,一个只有山水的负建筑。

● 方案设计

本设计名为山涧,基地位于一块有山有水的地方,因此想尽量地在不改变地形的情况下做一个别墅,将自然地形完整地保留下来。如何做到隐于山水? 第一,利用高差设计相错的两层楼,将第一层不常使用的功能房插入山体里。而这样势必影响采光,所以为了增加采光面积,采用了大面积的落地玻璃。第二,用相错退出的平台做一个屋顶花园,使人不论在屋内、平台上、户外都能看到景色,并且每处景致都不相同。此处借鉴的是柯布西耶的设计手法——屋顶花园,底层架空,横向长窗,流动的空间。第三,将客厅区域斜着面向河流切了一个角,这是为了更好地朝向景观,将景色融入建筑中。第四,为了更加符合环境,材质方面采用了厚重的石材与地面相接,采用轻薄的落地窗与石材相互对比。玻璃窗倒映天空的白云,大片的天空和石材又将建筑隐藏起来,唯有山涧,遗世而独立。第五,设计有一个斜边,是希望有一个角度不仅仅可以更好地看到湖泊景色,更加能够增进同一层各个功能房间的交流。隐于世而融于山水之间,人,应其乐融融。

● 方案愿景

希望通过这样的设计,让居住者可以远离世俗的喧嚣,远离凡尘的嘈杂,忘掉一切烦恼,尽情地感受山水,享受大自然给人带来的安宁和舒适。山涧利用高差做出的空间,灵活多变;大出挑的屋顶花园,能够完全和大自然相互融合;落地玻璃窗让人的视野更加开阔,感受到自然和宁静。从流线上去感受空间,一开始是从一个比较封闭的地下空间上到入口,来到开阔的客厅,而走到客厅通过阳台就可见一个天地间的大空间,然后通过尺度较小的楼梯上升到屋顶花园这样的大空间,如此的空间序列,调动人的情感,使山水主题更加强烈。建筑之内,山水之间。

——廖文艺

教师评语

该方案以两个矩形方块为原型,进行切割、变形、穿插,形成一个整体,并根据地形的高低错落,设计出不同的高度,丰富了室内的空间感。在简单立方体中寻求空间变化,通过细微的变化对比体现不同的功能房间,室内外空间结合较为紧密,空间体验较为丰富。但是在设计过程中应注意空间尺度的把控,减少一些不必要的交通面积的浪费,图面表达还需加强。

教学指导作品六见图 5.9。

图 5.9　作品六(作者:廖文艺)

作品七

学生自评

建筑设计理念是将庭院与建筑内部空间穿插、交汇在一起,让人与自然融为一体。作品设计出大小不同的四个庭院,分别种植四季的代表植物,让住户能在各个时间段都能感受大自然四季的美丽景色。巧妙安排几个庭院的平面分布位置与建筑功能,运用了建筑空间的强烈对比,在楼梯间、过道处放置不同庭院,同时也解决了部分辅助用房的采光问题,让整个建筑变得通透明亮。建筑在入口处设计了长度约 7 m 的小径,小空间的入口与进门后大空间的客厅形成对比,给人豁然开朗的感觉。建筑顺应地势而随之下沉,在立面上采用简单、统一、大面积的开窗方式和纯白色的建筑外墙色彩,不同的建筑体块形成丰富多彩的建筑阴影,外置阳台的运用等又丰富了立面效果。

——曾吴静霆

教师评语

建筑简洁，大方，朴素，以谦逊的态度融入环境，营造出几个大小不一具有围合感的院子，代表四季的景色，很有意境。建筑造型活泼而富有韵致，整个方案呈现出平和、亲近自然的氛围。但在功能上，客厅朝北，没有相应延伸的户外空间，并且受车库流线的干扰；卫生间没有采光通风，使用卫生间时的路径对客厅也存在干扰，欠妥。

教学指导作品七见图5.10。

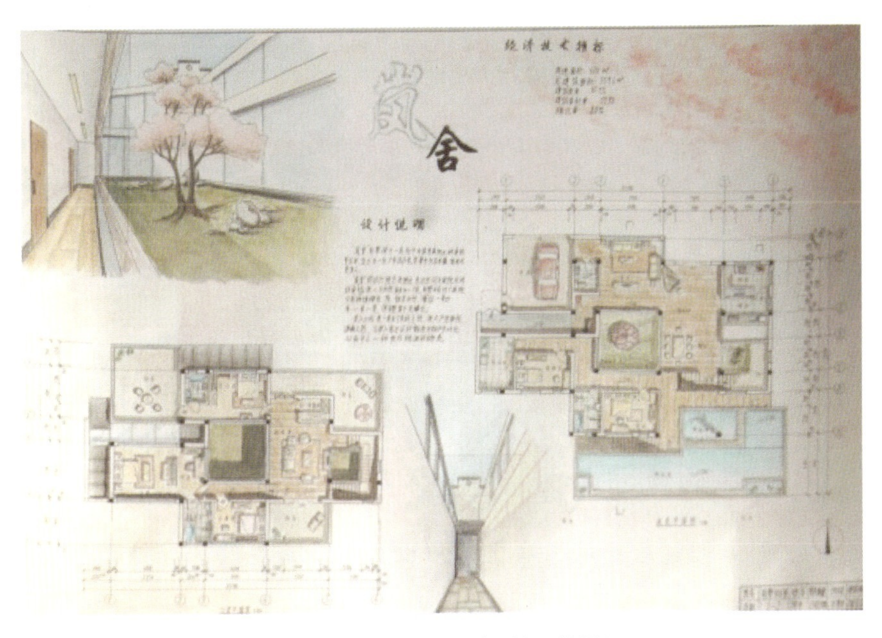

图5.10　作品七（作者：曾吴静霆）

作品八

学生自评

本次山地别墅设计的建筑基地存在高差，建筑形体采用简单的几何形体切割、组合形成，整个建筑与周围地形高差契合，自然地融入环境。影响别墅外部形态的因素除了建筑功能以外，更多的是设计者对空间构成及体块造型的理解。本方案在高差处理的过程中，将那些采光和视野不好的房间在功能上设计为辅助用房（例如车库、卫生间等），这样的处理手法既丰富了建筑的空间关系，同时也不影响建筑的功能使用。在平面功能上，建筑主体共两层，一层布置客厅、餐厅等，二层是私密性较高的一些功能房间（例如卧室），同时根据地形的高差设置了一个地下层作为停车库。建筑立面采用大面积开窗，让住户更多地感受到外面的自然风景，立面的细部处理采用了多种方式——几何形状的开窗，建筑材料的拼贴区分，建筑光影的交错等。

——丁科明

教师评语

在一个本身倾斜的山地上，同时运用斜向的体块，通过体块的相互穿插，在基地上构成梯段式的组合。在平面设计上较为规整，采用干净素雅的清水混凝土，希望别墅能为居住者提供繁忙之后休憩的安逸场所，因此没有多余的装饰设计，造型简洁大方。建筑功能简单，室内外空间有较好的结合，两部分过渡自然。在南向设置了大面积的开窗，使建筑拥有广阔的景观视野，而在北面，受山地影响，则自然而然地形成相对私密的空间。设计缺点是平行四边形房间对室内家具布置和人的行为会造成很大影响。

教学指导作品八见图 5.11 和图 5.12。

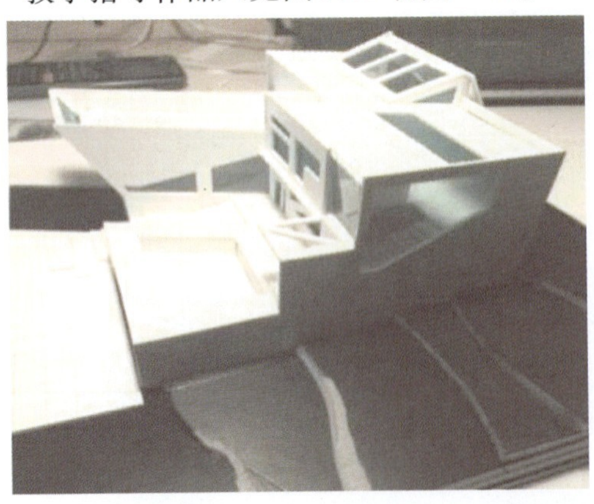

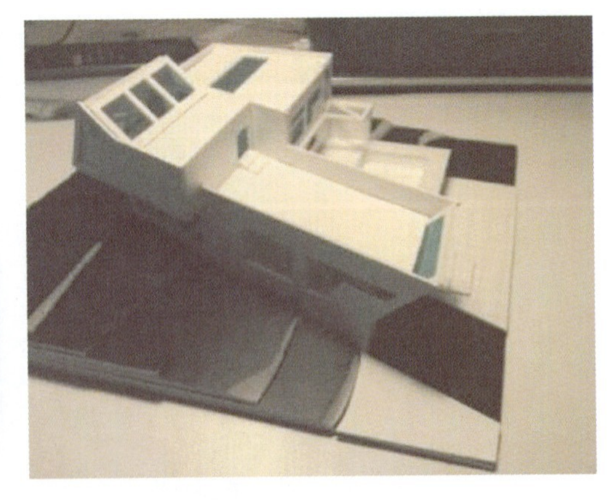

图 5.11 作品八别墅模型（作者：丁科明）

图 5.12　作品八(作者:丁科明)

作品九

学生自评

● 灵感构成

本方案设计构思的出发点是希望人们在别墅里能够更好地欣赏大自然。别墅与连绵起伏的山峦相接应,仿佛一条条蔓延的丝带,顺应地势,自上而下,别墅内空间由公共到半公共再到私密,形成空间序列的变化,再结合框景,使人在别墅里,别墅在大自然里,模糊了建筑与自然的界定。

建筑用地在北面是一个高差约 8 m 的山地,南向有河流、树林自然景观。设计的山地别墅是建立在普通生态别墅理论的基础上的,它将建筑设计的相关生态因素与经济社会系统紧密结合,建立起一种平衡的生态观点,使自然生态与人、环境共同建立起动态的平衡关系。山地生态有着其特殊性,水文、植被、地质、地形、气候几大要素之间是相互联系的,因此在进行山地别墅建筑底层及地下室平面设计时，充分结合建设用地山体的土层地质结构和形态进行处理，对山地别墅在结构基础设计中与建筑设计平面布置存在的主要矛盾进行反复梳理，并且合理运用“叠加分析法”，将保证原生态平衡放在首位，不断调整优化方案平面布置及竖向布置，尽量减少山体土方开挖或回填处理的工程量。

• 方案愿景

设计位于山地之上，希望使用者摆脱传统别墅感受，得到别墅私有化的一种体验。方案将别墅的边界进行了延伸，让使用者从底部入口进入，而真正的主入口却在二楼的大露台，通过一段狭长的楼梯连接，在空间上实现由小到大的转折、由封闭到开敞的对比，“移步异景”地借着连绵山体的自然景观，与别墅形成框景，一近一远，一大一小，令人还未进入室内就获得不一样的体验。

进入室内，LOFT 式的客厅加大了室内的层高，增加了生活的活力，屋顶结合太阳风向的变化而变化，在保证室内充足光照的同时，降低室内温度，节约能耗，使室内长时间保持舒适的温度，让使用者在任何位置都可以享受阳光与美景。方案模糊了室内、室外的边界，让人感觉拥有的不只是这一栋别墅，而是整个自然。

——张智奕

教师评语

该方案表达简洁大方，空间区域划分明确，图面用色与建筑理念契合，具有一定的感染力。充分利用山地坡度高差变化，分层设置入口，通过竖向交通合理有效地组织室内空间。庭院的加入使主人房和保姆房在体块上有一个区分，室内外空间也能较好地融合在一起。但建议将别墅主要功能房间（如客厅、卧室等）放在朝向较好的南向，避免西晒。

教学指导作品九见图 5.13。

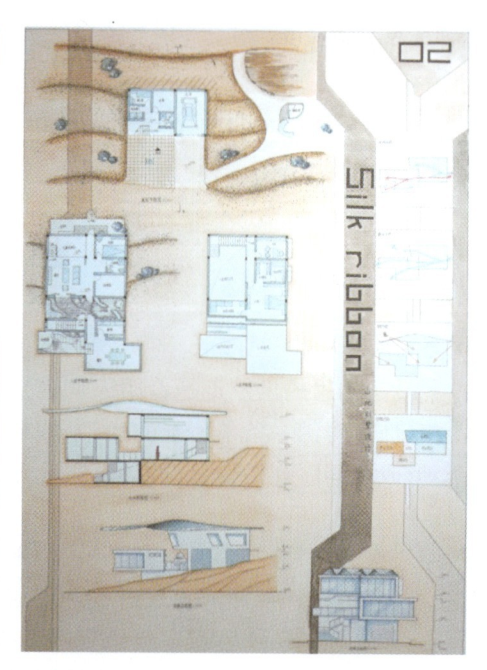

图 5.13　作品九（作者：张智奕）

作品十

学生自评

别墅基地位于太湖湖畔，此地区气候温和、植被繁茂，建筑设计因地制宜，就地取材，因材设计，将木、石灰、青砖、青瓦、石板这样的本土材料与川南风格建筑相结合，打造出更为舒适的建筑，使建筑自然展现“天人合一”。

别墅的客厅、起居室几乎全天采光，露台给人提供下午茶的时光，屋顶斜式开窗加快室内外空气流通。通过大面积开窗增加了建筑的通透性，洁白的墙体使建筑更加纯洁，使人获得舒适的视觉体验，挑出的部分使用毛石材料，强烈的对比使这部分白色体量更加突出。

——薛莲

教师评语

该方案吸收民居的特点，同时注意给不同房间赋予不同的景观。在造型体块上，为顺应地形，挑出一步并架空作为客厅，形成有特点的、与室外联系更加密切的空间，这是不错的空间处理。方案因地制宜，就地取材，建筑用料贴近自然，符合自然原色，体现绿色建筑的理念；室内公共空间相互流通，与室外休闲环境相适应。方案表现图能形象地表达构思意图，方法上能处理好“图”和“底”的关系，且擅于用白色为底，衬托淡彩着色，方法简单而且效果好。

教学指导作品十见图 5.14。

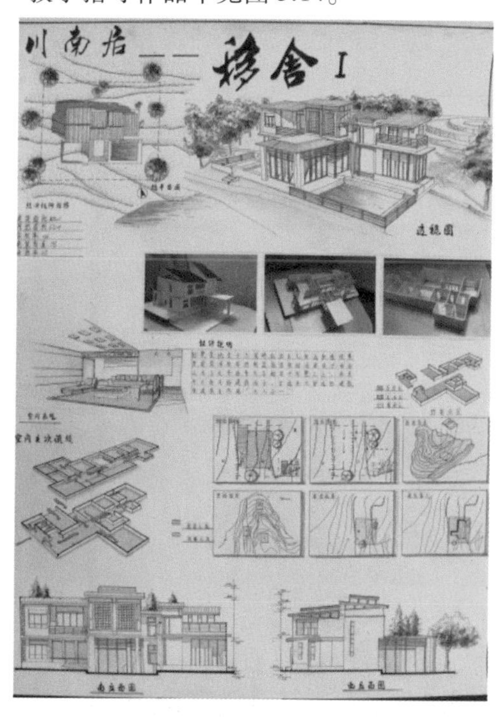

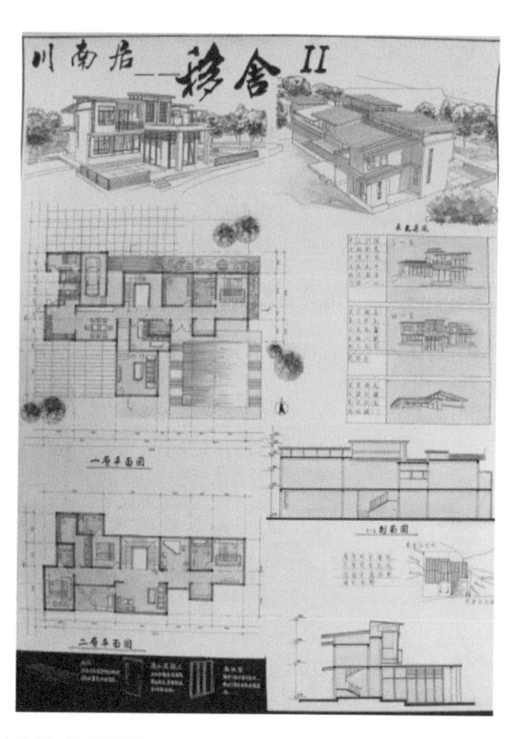

图 5.14　作品十(作者:薛莲)

作品十一

学生自评

此次别墅设计假定甲方为一名极限赛车手。作为一名追求速度的赛车手，与他生活密切相关的东西就是动感的流线和相对较大的空间了。因此，设计前期就从动感速度方面入手提取灵感、推敲演变。方案从速度中提取光束的概念，从而表达出建筑的速度与激情，让速度光束融入建筑，体现出建筑主人的个性，使建筑不再只是一座房子，更是一件具有特色和个性的艺术品。

建筑设计的出发点是为甲方考虑，建筑的功能性、造型、人流都是在甲方职业的基础上来体现建筑艺术和个性的。设计时考虑使建筑与环境融合，别墅根据山地地形，依山而建，大平层的设计使得建筑尺度显得格外庞大。别墅的内部空间中，客厅采用下沉式，让大平层空间得到一定的分割效果。由于是车手的别墅，因此特配备具有两个停车位的大车库，使业主可以将他的爱车放置在爱巢中。

——俞沉飞

教师评语

设计者为一位赛车手的业主精心设计了一个“个性张扬”的家。从建筑设计到图面表达，都可以看出作者较强的创新能力与手绘表达能力。只是在设计中应注意主要功能房间的空间尺度感（客厅的长宽比），以及采光通风与景观视线等问题。

教学指导作品十一见图 5.15。

图 5.15　作品十一（作者：俞沉飞）

作品十二

学生自评

别墅使用者为公司管理者，因此设计立意是“钻石”，隐喻业主性格坚毅、多才多艺，同时也有家庭关系和睦、长长久久之意。

该别墅位于重庆市仙女山，东南面景观良好，主导风为东风。因为设计主题是钻石，而钻石的特点是变化性、多面性及通透性，所以方案中采用玻璃作为外墙面，在室外水池中的映衬下，整个建筑就会闪闪发光。同时，室内采用多处镂空设计，采光较好，也符合钻石通透的特点。

值得回味的是设计的过程，这是一个从无到有的过程，一个不断解决矛盾的过程，需要不停地去面对造型与功能的取舍矛盾。

——罗丞

教师评语

该方案以钻石为出发点，截取其中的一个面进行切割，裁剪尖锐的角，再以此还原成体块，由面到体，按照独有的外形特点并根据平面空间来改变形体，执着于功能平面布局与整体造型相契合，坚持空间的有机变化。在造型的处理上，尽量以墙面与玻璃突出体块的变化，平面功能布局合理，流线清晰。主入口的设计就如同在完整墙面上撕裂的口子，以此强调主入口，是不错的想法。但局部空间的流线设计中还欠妥，空间组织（尤其在主入口处门厅与客厅的过渡上）还尚待改进。

教学指导作品十二见图 5.16。

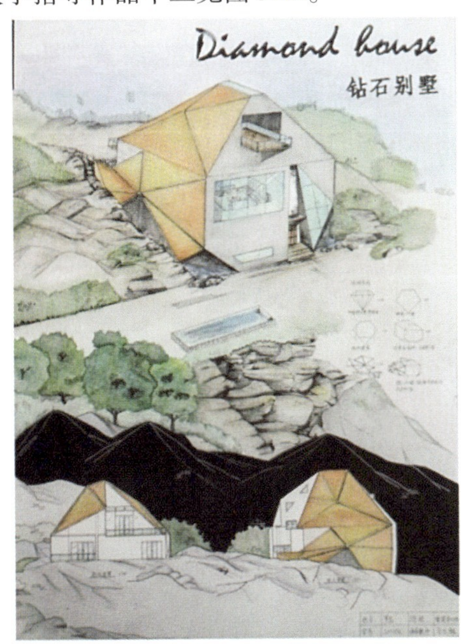

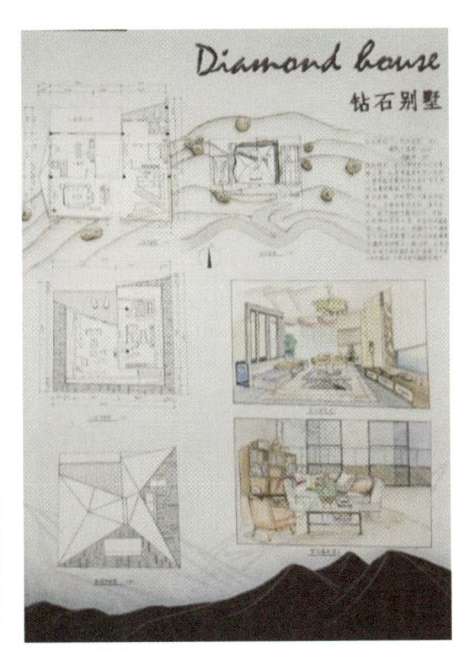

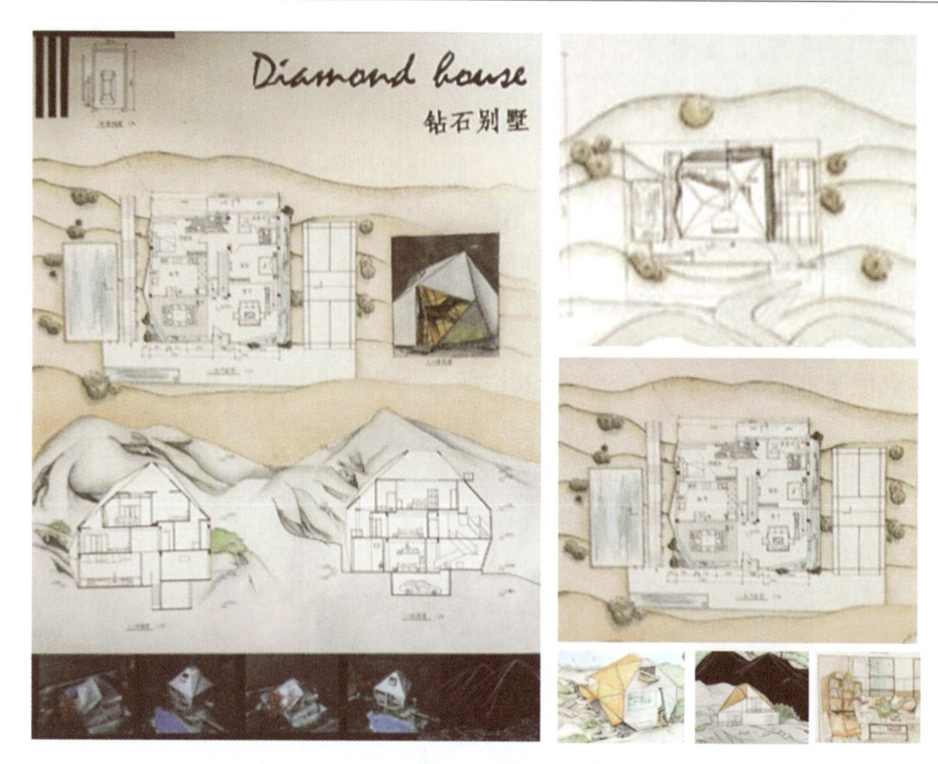

图 5.16　作品十二（作者：罗丞）

作品十三

学生自评

太湖两岸湖岸线顺势绵延，布鲁斯船的立意油然而生。设计中，以其两端高、中间较低的一种特有弧度为主体，以三面围合的庭院为中心，向两端展开，整个设计顺应地形环境，使别墅合理地融入自然。开放的茶室与大面积的开窗，保证了采光充足且减少照明能源的消耗。室外玻璃栏杆楼梯保证交通的便利，同时增加外立面的虚实效果。

——高万嘉

教师评语

该方案设计结合周围的自然环境特点及地形的变化，遵循对地形的理解，从布鲁斯船的造型出发进行拓展设计，使建筑和环境有机结合，并设置了庭院使空间更为丰富。在立面设计中，虚实变化有致，功能组织合理。

教学指导作品十三见图 5.17。

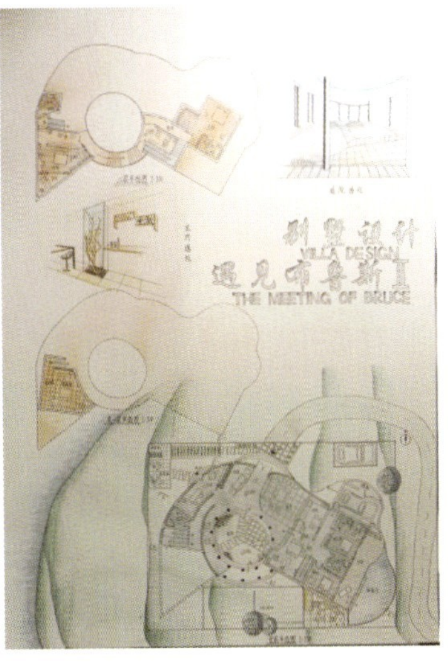

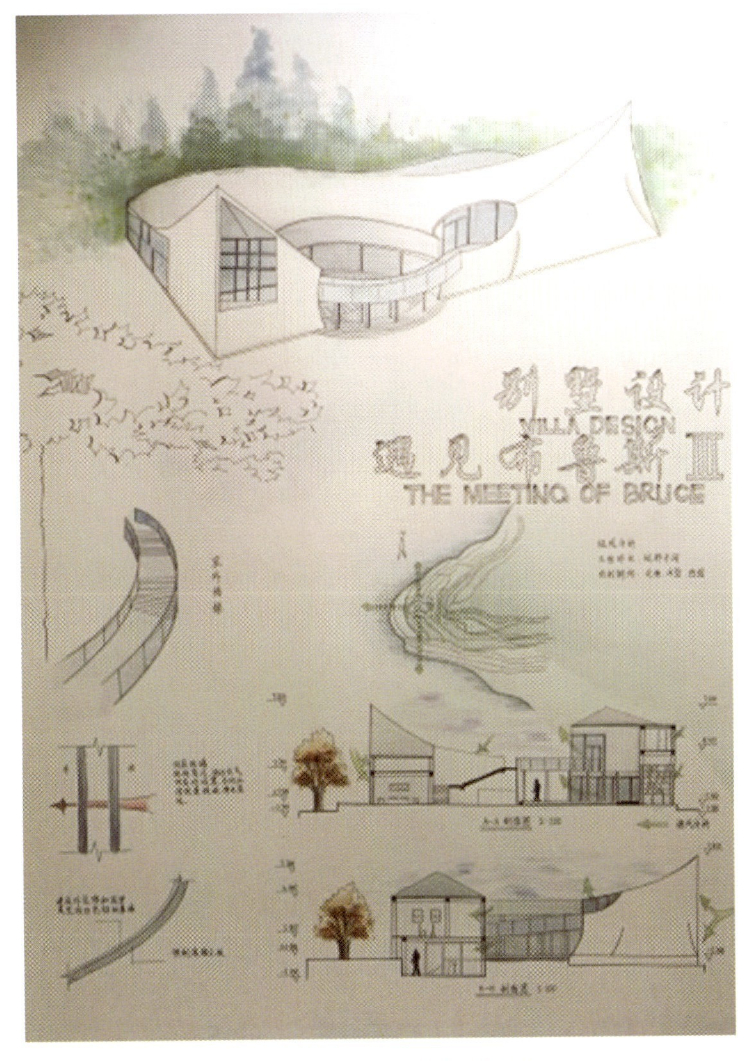

图 5.17　作品十三(作者:高万嘉)

作品十四

学生自评

设计的"井"别墅位于浙江省某公园之内,地处溪流旁,紧邻湿地。首先考虑人的亲水性,将入口和阳台面向溪流方向,然后结合九宫格延续下来的体块构思,使整个设计顺应地形、环境,逐步形成一个适宜人居住的住宅空间。

别墅是人居住、享受生活的地方,设计应赋予其一定的文化内涵。在初步构思时联想到了九宫格,九宫格是中国古代数学智慧的结晶,通过切割、变化、重组形成一个立体空间。住宅部分由一代空间、二代空间、娱乐空间和工作空间组成,每个家庭成员在拥有属于自己空间的同时,也可以和其他成员进行交流。庭院设计考虑了动静结合,使两代人都能够有自己的活动空间,这样便可以构成一个相对新式而带有古韵的开放式四合院。

——侯朕

教师评语

该方案朴素、简洁,以谦逊的态度融于环境,在简单的方块体型中寻求变化。别墅的功能分区较为合理,但应注意空间的变化及主要空间的朝向。

教学指导作品十四见图 5.18。

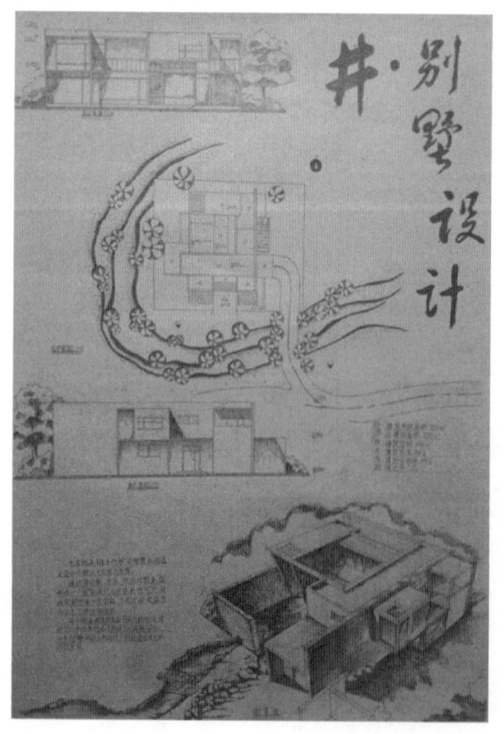

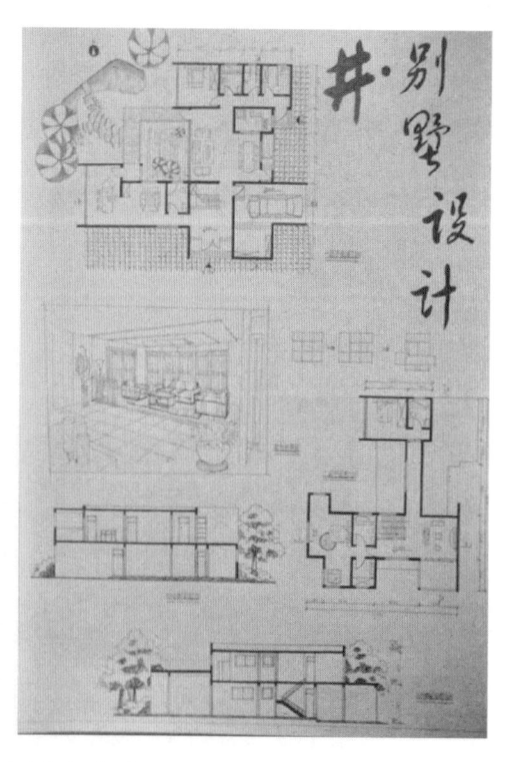

图 5.18　作品十四(作者:侯朕)

作品十五

学生自评

● 灵感来源

别墅形体以山峦叠加的形状融入自然环境而不显得突兀,同时考虑到山地别墅拥有良好的视野以及用地东南面有瀑布景观,所以在东南方向对别墅进行斜向切角处理,以最大化地引入室外风景,并采用斜屋顶来丰富建筑形体。

● 方案设计

别墅首层主要设置会客空间和服务空间(包含保姆房、洗涤间及储藏室),将保姆房、洗涤间及储藏室规划在一起,整个服务空间末端是阳台,用来配合洗涤间使用,这些偏向服务性的房间布局在一起藏于厨房、餐厅后面,可以使流线分开,功能清晰。同时,保姆房、洗涤间以及一个卫生间在二层创造出一个活动平台连接次卧。利用架空的家庭室在首层上到二层的中间平台向外延伸出一个休息平台,连接羽毛球场地,以便家庭成员或客人在此空间做运动和放松小憩。别墅类似山峦叠加,这样的形态使二层面积小于一层,且一个供次卧和客卧使用的天然室外活动空间就被创造出来了。在别墅的顶层采用两块斜屋顶,靠近主卧的斜屋顶架设到主卧的东侧,余下的面积作为一个用于家人使用的独立空间,可安置桌椅等;而北侧斜屋顶的末端则提升了家庭室的高度,延伸到主人工作室的部分,使工作室拥有宽敞的空间,适宜业主对其职业成就进行展示。同时,采用落地玻璃窗设计,让户主在工作之余可以在别墅最高处眺望室外风景放松心情。儿童游乐场地设计在整个建筑用地的东南侧,迎合建筑形体且面向主要功能房间,便于大人看护,并利用此处的高差安置了一个儿童滑梯。

——刘洋

教师评语

该方案合理利用地形高差,建筑与地形有较好的结合。入口在南向较低处,同时半层高(家庭式底部架空)也顺应地势设置出入口,使室内外空间结合更好。平面功能布局清晰,主要空间尺度适宜且都有较好的朝向与景观。立面虚实变化有序,整体造型较好。但手绘表达效果欠佳,需加强水彩渲染练习。

教学指导作品十五见图5.19。

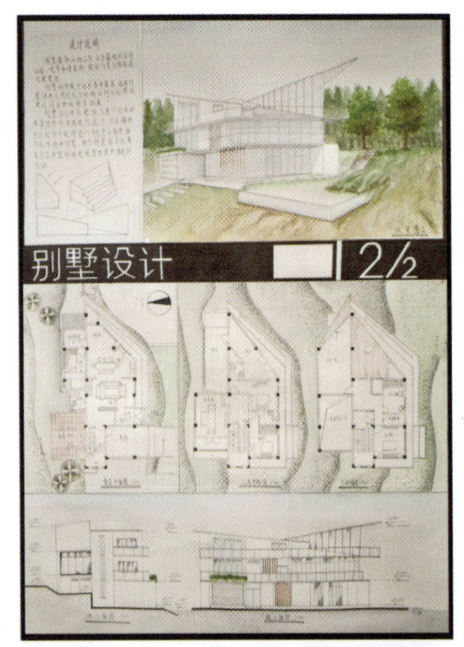

图 5.19　作品十五(作者:刘洋)

作品十六

学生自评

此别墅是为一位退休企业家设计建造的,业主无意炫耀其雄厚资本,只想回归家庭生活,找回曾经的儿时记忆。方案通过人、自然和设计的相互关系,体现出和谐的概念。

• 设计构思

在这个风景优美、自然资源丰富的基地,我试图为整个建筑及景观设计定下基调:通过一个实在而轻巧之物浮于景观之上,经几处围合,限定出一个无边的空间,力求在同一场所中让建筑与景观平衡且相互渗透。

• 建筑周围环境分析

一进入场地,首先看到的是室外游泳池,其长度延伸到建筑的两翼之外。正是与所处地理环境的关系,激发了这个泳池的设计。餐厅与客厅的开窗直接朝向泳池,跨出室外就会看到。

• 建筑功能分析

别墅有两层，以天井为联系中心。一层平面即入口标高层，有两个卧室、客厅、餐厅，厨房和后勤设备区，并设有一个停车区。首层平面为顺应地势形态，采取错层式处理，业主可拾级而上进入内部空间，这里分布保姆房、浴室、洗衣室、厨房等，不仅较好地划分了功能区，也更能丰富空间序列。地形的自然坡度，将起居空间与外部泳池直接相连，较低的这部分空间得益于泳池所在的室外区域，形成了非常有趣的室内外关系。二层是较为私密的空间，在南向上布置主卧、次卧等主要空间，同时在公共流线交叉部分设置家庭室(起居室)。考虑到年纪较大的业主喜爱清静，在朝西的位置处设计书房作为他的主要工作场所，可更好地协调工作与生活的关系。

——唐玖锡

教师评语

该方案为退休人员设计，低调且富有变化，室内外空间结合较好，水体景观、室外平台等丰富了建筑空间。方案中平面关系设计合理，公共空间与私密空间既有结合又有区分。

教学指导作品十六见图 5.20。

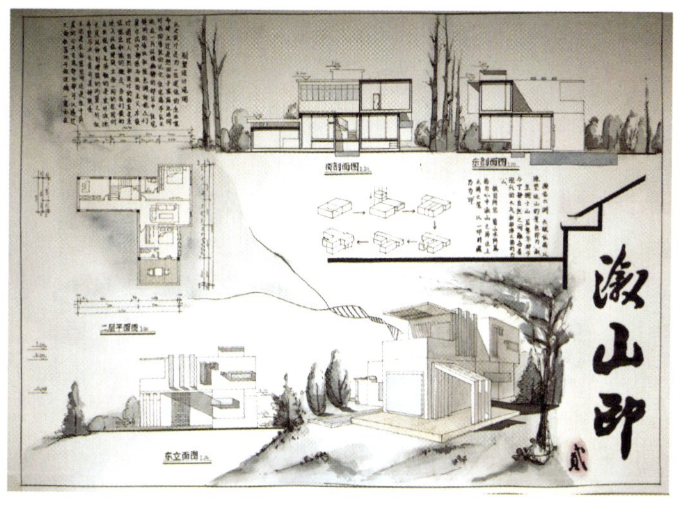

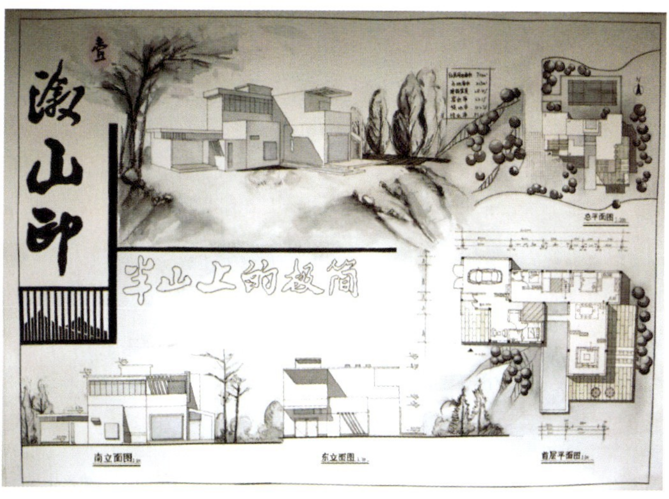

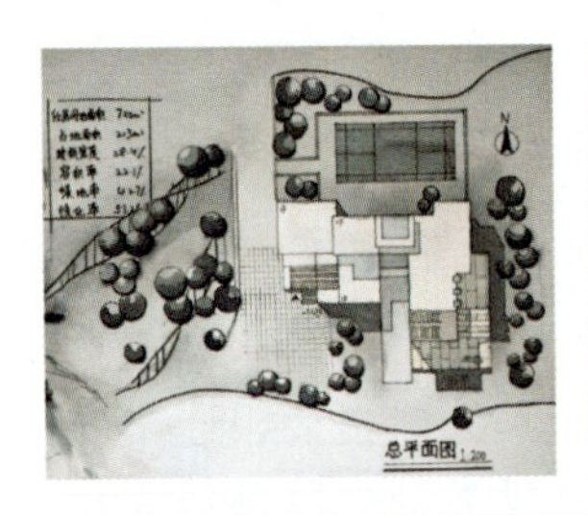
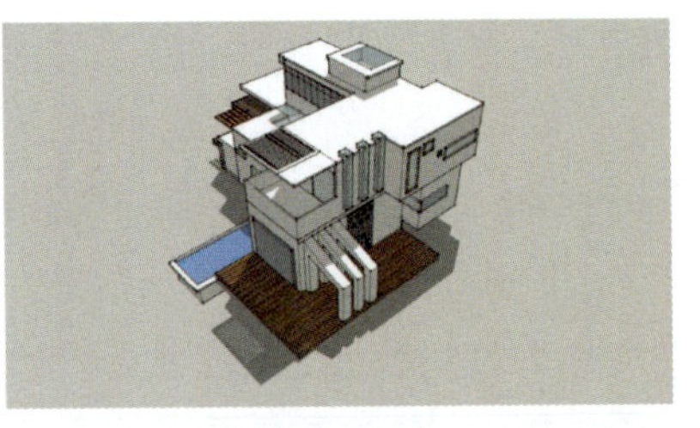
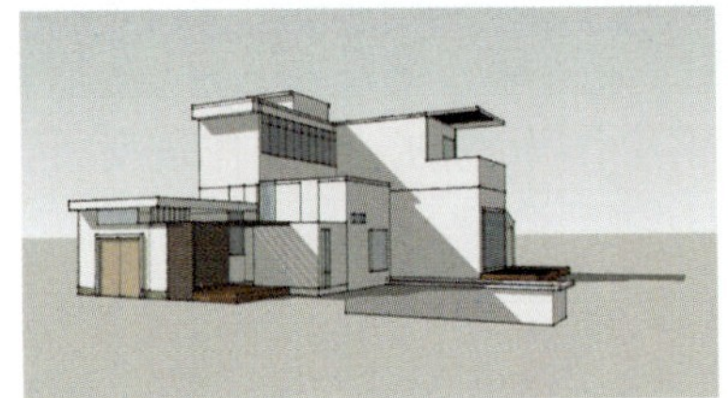
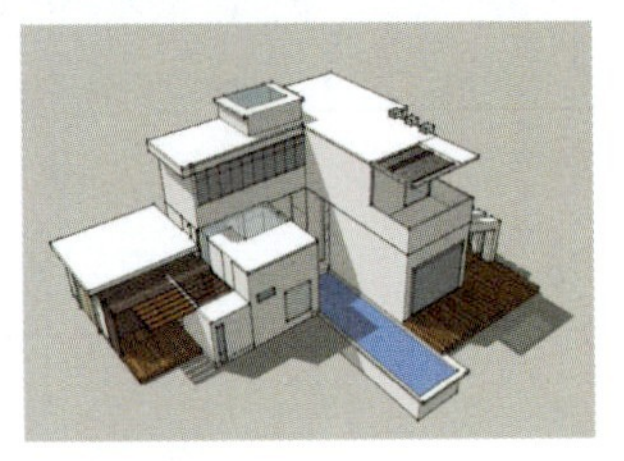

图 5.20　作品十六（作者：唐玖锡）

作品十七

学生自评

• 灵感来源

基地为山地，设计初衷是希望人们可以俯瞰瀑布，创造出开阔的景观面使人们可以在别墅里面尽情地欣赏大自然。因此，构想别墅建于绵延的山坡上，日升之时，晨露未晞，东方的阳光照入卧室和客厅，微凉但不失朝气，给人以蓬勃向上的积极之感；夕阳时，暖色的建筑配上落日的余晖，温暖的阳光照在通透的玻璃墙上，主人可以在室外的平台上眺望夕阳，眺望远方。

作品以"晞阳"为主题，"晞"指的是东方未晞，晨露未晞，以东方阳光的精神为灵感，"阳"指的是夕阳，是让人在落日中感受阳光的温暖，在别墅中产生一种回忆的深思。以"晞阳"为主题，就是为了让人们感受阳光，感受自然，拥抱自然。

• 方案设计

为了突出建筑与自然的融合，方案采用了阶梯状的设计，不但让建筑建在山地之间不显突兀，更重要的是阶梯状的设计能使别墅拥有更多的室外平台。配合"晞阳"的主题，以暖色为主色调，运用到建筑上，这样能更好地做到建筑室内与室外的融合。瀑布作为主要的景观面位于东南方向，因此在东南方向做大面积采光处理，而西边的开窗尽量简单，这样不但可以起到通风效果，还可以有效避免西晒。为了衬托主人的身份，采用中空的客厅，配合东面、南面大面积的玻璃落地窗，想象主人早起配上一杯咖啡，在客厅看着日光慢慢升起，休息时看着窗外的瀑布奔腾的居家生活，让建筑与自然完美对话，做到室内外情景交融。

在高差的处理上，台基成了调节建筑与坡地关系的重要过渡。以一个大台阶作为主入口，台基的架构嵌入山坡，使两层的建筑产生三层的错觉，在视觉上加强了稳定性。同时，产生局部高差，也利于进行辅助空间和功能空间的分区。

——刘洪轩

教师评语

该方案因地制宜,充分利用地形高差来形成丰富的空间层次,使室内外空间得到充分的结合。室外场地根据地形变化划分为几个不同高差的台地,与室内空间直接相连。建筑室内空间一层主要为公共空间,二层为较私密的卧室区,分区明确,互不干扰。

教学指导作品十七见图 5.21。

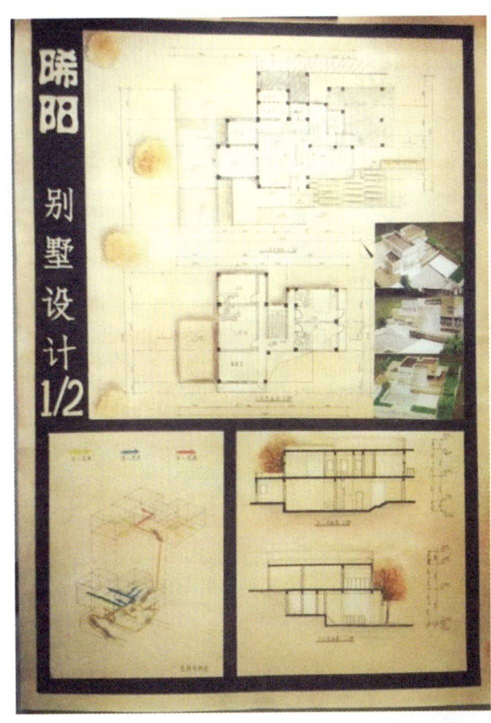

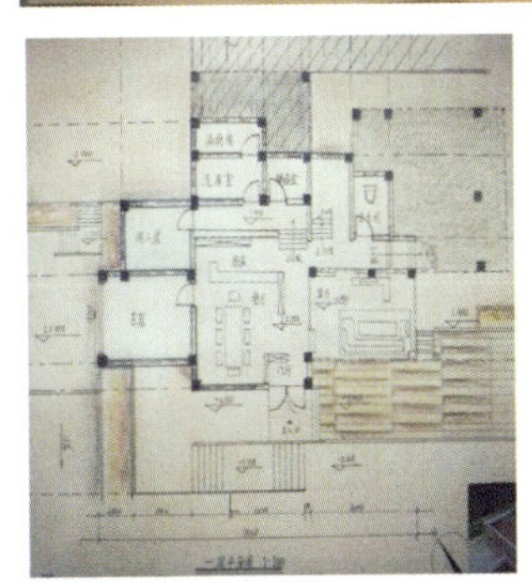

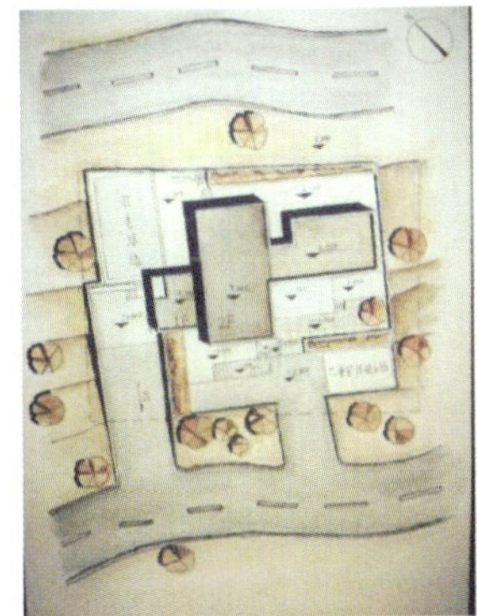

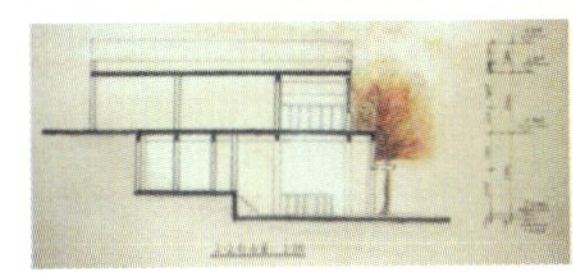

图 5.21　作品十七(作者:刘洪轩)

附　录

附录一:别墅设计任务书
附录二:建筑设计课程作业——常见错误举例

扫二维码,免费阅读并下载附录内容

参考文献

[1] 褚冬竹.开始设计[M].北京:机械工业出版社,2007.
[2] 邹颖,卞洪滨.别墅建筑设计[M].北京:中国建筑工业出版社,2000.
[3] 韩光煦,韩燕.别墅及环境设计[M].杭州:中国美术学院出版社,2006.
[4] 杨小军.别墅设计[M].北京:中国水利水电出版社,2010.
[5] 傅祎.建筑的开始——小型建筑设计课程[M].北京:中国建筑工业出版社,2005.
[6] 王小红.大师作品分析——解读建筑[M].2 版.北京:中国建筑工业出版社,2008.
[7] 彭一刚.建筑空间组合论[M].2 版.北京:中国建筑工业出版社,1998.
[8] 林鹤.西方 20 世纪别墅二十讲[M].北京:生活·读书·新知三联书店,2007.
[9] 杨茂川.空间设计[M].南昌:江西美术出版社,2009.
[10] 郝曙光.当代中国建筑思潮研究[M].北京:中国建筑工业出版社,2006.
[11] 王受之.骨子里的中国情结——万科·第五园说[M].哈尔滨:黑龙江美术出版社,2004.
[12] 戴志中,舒波,羊恂,等.建筑创作构思解析——符号·象征·隐喻[M].北京:中国计划出版社,2006.
[13] 尹青.建筑构思与创作[M].天津:天津大学出版社,2002.
[14] 芦原义信.街道的美学[M]. 尹培桐,译 .北京:百花文艺出版社,2006.
[15] 芦原义信.外部空间设计[M]. 尹培桐,译 .北京:中国建筑工业出版社,1985.
[16] 东京大学工学部建筑学科安藤忠雄研究室.勒·柯布西耶全住宅[M].曹文君,译 .宁波:宁波出版社,2005.
[17] 盖尔.交往与空间[M]. 何人可,译.北京:中国建筑工业出版社,2002.